东莞乡土植物
NATIVE PLANTS IN DONGGUAN

主编 莫罗坚 陈葵仙 叶永昌 刘颂颂 周永文

中国林业出版社

图书在版编目（CIP）数据

东莞乡土植物 / 莫罗坚等编著 ． —— 北京 ：中国林业出版社，2015.2

ISBN 978-7-5038-7870-1

Ⅰ ．①东… Ⅱ ．①莫… Ⅲ ．①植物－介绍－东莞市Ⅳ ．① Q948.565.3

中国版本图书馆 CIP 数据核字 (2015) 第 037680 号

东莞乡土植物　　　　　　　　　　　莫罗坚 陈葵仙 叶永昌 刘颂颂 周永文 **主编**

出版发行：中国林业出版社（中国 · 北京）

地　　　址：北京西城区德胜门内大街刘海胡同7号

策划编辑：王　斌　　　　　　　　　　　　　　　　　　装帧设计：百彤文化

责任编辑：刘开运　李春艳　吴文静

印　　刷：北京雅昌艺术印刷有限公司

开　　本：1016 mm×1270 mm　1/16

印　　张：19.75

字　　数：500千字

版　　次：2015年4月第1版 第1次印刷

定　　价：298.00元（USD59.99）

编委会

序

　　东莞位于珠江口东岸，境内以丘陵、台地为主，东部及东南部山体庞大，地形复杂多样，河流纵横交错，主峰银瓶嘴山海拔 898.2m。区中气候温和，水、热条件优越，孕育着丰富的植物资源。

　　历史上，自 18 世纪中叶开始，西方人就对珠江三角洲地区进行植物调查与植物采集。鸦片战争之后，欧洲植物采集家、外交家、传教士蜂拥而来，其采集以广州及其邻近地区为中心，顺北江、西江而上，足迹遍及粤中、粤西、粤北和港、澳地区以及粤东的汕头，但很少对东江沿岸的植物做调查研究，尤其是东莞境内的东江下游地区未见有任何采集记录。我国近代植物分类学家自 20 世纪初才开始对本国的植物进行调查研究，大规模的采集活动大约集中在 20 世纪 30 年代、50年代与 80 年代，足迹遍及广东境内各主要山区，唯东莞市未进行过系统的调查采集，个别调查资料没有凭证标本，无法查证和引用。自2007 年开始，我们在东莞市人民政府的资助下，开展了东莞植物的调查研究工作。目前，已知东莞有野生维管束植物 1600 多种，园林植物约 1500 种。这些丰富的植物资源对维持东莞市与周边地区的生态平衡、植物资源的开发利用与保护均具有重要意义。

　　东莞乡土植物有何特点？在外人眼里，"世界工厂"应该是工厂、烟囱林立，到处乌烟瘴气，但是，只要你从东莞市区出发往南驱车走不到 30 分钟就能到达大岭山森林公园，领略到这里大片生态公益林的生态意义和价值。如果你再往西南方向走约 1 小时，就会很快到达绵延于樟木头、清溪、谢岗等地的森林公园，你会领略到东莞南亚热带常绿阔叶林的幽深和博大。这里山高谷深，森林茂密，古木参天，林中植物种类丰富，树木四季常青。此外，东莞的平原和丘陵地带，分布着许多古村落，村前屋后通常分布着大片的风水林，百年以上的大树屡见不鲜，这些高耸入云的古树历经岁月沧桑保存至今，绝大多数仍郁郁葱葱，风韵犹在，反映出东莞具有丰富的自然资源和悠久的人文历史。东莞植物区系独具一格，许多植物种类在我国其分布中心在东莞，如具有重要观赏价值的短萼仪花、红花荷、毛棉杜鹃、吊钟、齿叶吊钟等在东莞分布广泛，但在我国其他地方很少见到；具有东莞特色的莞香（土沉香）、莞草（茳芏）在东莞十分常见，有时形成单优群落；东莞有国家保护的植物 14 种，如桫椤、苏铁蕨、穗花杉等，还有 40 多种列入我国红色名录的野生兰花；珍贵的药用植物种类繁多，如巴戟天、七叶一枝花等。另外，东莞地处南亚热带，是热带和中亚热带植物分布的交汇地，一些热带性较强的植物如穗花轴榈等从海南岛向北分布到东莞就不再往北扩展；另一方面，有些中亚热带的植物如三尖杉、广东松等在中国大陆分布到东莞就不再往南延伸；有些种类过去仅在香港等地看到的狭域分布种，如香港杜鹃、尖苞帚菊等在东莞也发现其踪迹。可见东莞植物区系不仅种类丰富，而且具有重要的科学意义和实用价值。

东莞市林业科学研究所自 1980 年建所以来，一直致力于东莞林业资源调查和植被的恢复重建工作。近年来，参与东莞市林业局和中国科学院华南植物园组织的"东莞市植物调查与专著编研"项目，对东莞的植物资源与主要植被类型进行了调查研究，积累了丰富的植物学资料。为配合东莞市人民政府提出创建"全国绿化模范城市""国际花园城市""国家园林城市""国家生态市""国家森林城市"的建设目标，建设了东莞市乡土植物示范区，面积近 400 亩，引种植物数百种，开展乡土植物的引种与评价工作。在此基础上又整理撰写《东莞乡土植物》一书，收录东莞常见和部分珍贵的乡土植物 300 多种，记录其植物学名、中文名（别名）、形态特征、生长习性、用途等。这些资料是该所科研人员通过引种驯化与评价，总结出富有实用价值的科学资料，对东莞生态公益林的改造和园林植物的推广应用具有重要的指导意义。

该书文字简练，图文并茂，通俗易懂，鉴定准确，给读者提供一部集科学研究、科学知识普及与生物艺术于一身的林学作品，可为林学、植物学和园林专业人士在学习认识植物与应用植物时提供参考，它的出版将为东莞创建"国家森林城市"建设提供技术支撑。

乐为序。

邢福武

中国科学院华南植物园　研究员（博导）

《东莞植物志》主编

C 目录
ONTENTS

C目录
ontents

野鸦椿
Euscaphis japonica (Thunb.) Dippel

蕨类植物门
PTERIDOPHYTA

福建观音座莲

科属 莲座蕨科观音座莲属

用途 根状茎入药，祛风解毒、止血；具有较高的观赏价值。

学名 *Angiopteris fokiensis* Hieron

产地分布：原产于中国，分布于华南地区。

形态特征：高大蕨类；根状茎直立，块状。二回羽状复叶从根茎顶端伸出，宽卵形，大而开展，叶色浓绿，叶面光滑；小羽片互生，排列整齐，边缘有三角形锯齿。

生长习性：喜荫蔽湿润环境，生于沟谷、林下。

华南紫萁

科属 紫萁科紫萁属

用途 株型美观，叶姿态优雅，颇具有观赏价值，可供庭园栽植或室内盆栽观赏。

学名 *Osmunda vachellii* Hook

产地分布：原产于中国，分布于福建、广东、广西、云南、贵州、四川、浙江等。

形态特征：根状茎粗壮，形成圆柱形主轴。叶簇生于顶部，厚纸质，两面无毛，呈黄绿色，略有光泽；叶柄坚硬；叶片长圆形，羽叶具短柄，着生于叶轴上，披针形或线状披针形，基部狭楔形，近全缘。

生长习性：性喜温暖、阴湿，常生于溪边、林下或石隙阴处，是酸性土壤的指示植物。

芒萁（铁狼萁）

科属　里白科芒萁属

学名 *Dicranopteris pedata* (Houtt.) Nakaike

产地分布：原产于中国，广泛分布于长江以南各地。

形态特征：高根状茎细长横走。叶片疏生，叶轴一至二回或多回分叉，各回分叉的腋间有一个密被绒毛的休眠芽，并有一对针苞片，在第一回分叉处基部两侧有一对羽状深裂的阔披针形羽片；末回羽片披针形，篦齿形状羽裂几达羽轴；孢子囊群小，生于每组侧脉的上侧小脉的中部，有孢子囊 5~7 枚。

生长习性：喜光，喜温暖、耐旱，多见于林缘、坡面等地，为酸性土壤指示植物。

用途

中国南方农村常割取当燃料；叶柄可编织用品。全草入药，有清热、利尿通淋，祛瘀止血之效。和本种相近的还有铁芒萁和大芒萁。

中华里白

科属　里白科里白属

学名 *Diplopterygium chinensis* (Rosenst.) De Vol

产地分布：原产于中国，分布于华南、西南、福建及台湾。

形态特征：高大蕨类。羽片椭圆形，叶背面被毛及流苏状鳞片；小羽片互生，近无柄，披针形，基部汇合。

生长习性：喜光、喜湿润。

用途

用于岩壁及假山绿化。

小叶海金沙
（铁线藤、虾蟆藤、龙须草）

科属 海金沙科海金沙属

用途：在园林中可作为耐阳地被。全草可入药，有清热解毒之功效，为凉茶『二十四味』原料之一。

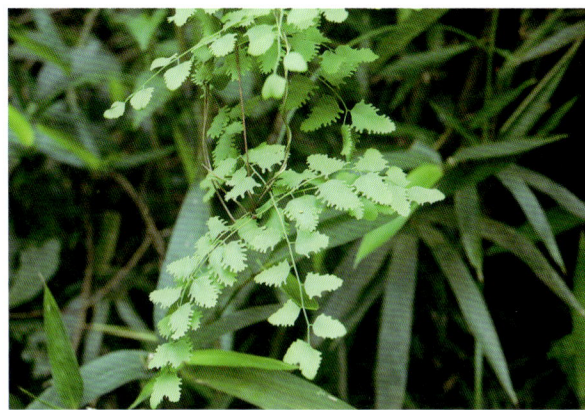

学名 *Lygodium microphyllum* (Cav.) R. Br.
[*L. scandens* (L. Sw.]

产地分布：原产于亚洲，广布于中国暖温带及亚热带地区。

形态特征：多年生蕨类植物，植株攀缘。叶2型，纸质，二回羽状。孢子叶卵状三角形，小羽片边缘密生孢子囊穗。顶端有帽状弹性环带，成熟时开裂，散出暗褐色的孢子，状如细沙，故称小叶海金沙。

生长习性：喜温暖、湿润和半阴环境，有一定的抗寒力。宜湿润而排水良好的肥沃沙质壤土，在部分遮阴的地方生长更为茂盛。

金毛狗
（黄毛狗、猴毛头）

科属 蚌壳蕨科金毛狗属

学名 *Cibotium barometz* (L.) J. Sm.

产地分布：原产于热带及亚热带地区，在中国南方均有分布。

形态特征：根状茎平卧、粗大，端部上翘，露出地面部分密被金黄色长茸毛，状似伏地的金毛狗头，故称金毛狗。叶簇生于茎顶端，形成冠状，三回羽裂，裂片边缘有细锯齿；它的孢子囊群生于小脉顶端，囊群盖坚硬两瓣，成熟时张开，形如蚌壳，也颇具特色。

生长习性：喜温暖多湿环境，多生于山麓阴湿的山沟或林下荫处的酸性土壤，是热带亚热带酸性土壤的指示植物。

用途

叶姿优美，坚挺有力，四季常青，颇有南国风光意境。在庭院中适于作林下配置或在林荫处种植；它也可作为大型室内盆栽观赏。其根状茎富含淀粉，可食用和酿酒，入药时称金毛狗脊，具有补肝肾、强腰膝、祛风湿、壮筋骨、利尿通淋等功效，茎的茸毛能止血。

桫椤
（刺桫椤）

科属　桫椤科桫椤属

用途

渐危种，国家Ⅱ级重点保护植物。茎干可作药用和用来栽培附生兰类，常被人砍伐，植株日益减少，有的分布点已消失，垂直分布的下限也随植被的减少而上升。

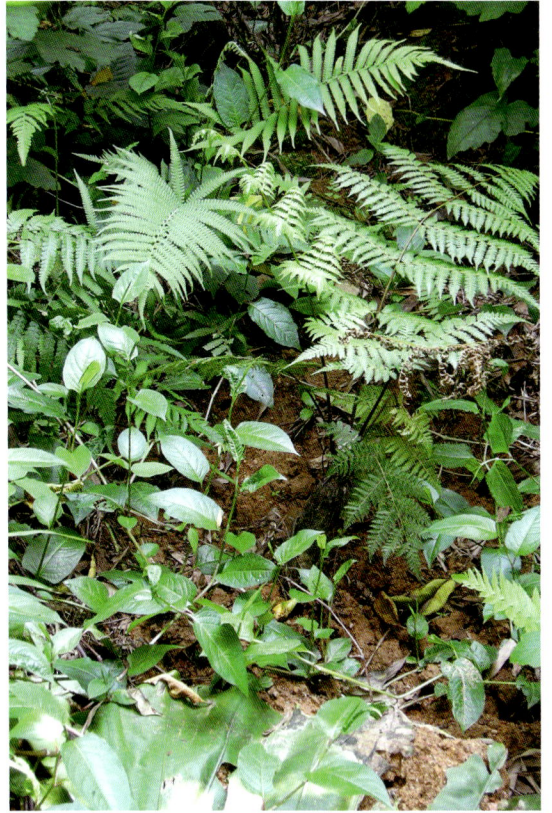

学名 *Alsophila spinulosa* (Hook．) Tryon

产地分布：原产于热带及亚热带地区，中国台湾、福建、广东、广西均有分布。

形态特征：树形蕨类植物。茎直立，高可达 6m；叶螺旋状排列于茎顶端；茎端和嫩叶及叶柄的基部密被鳞片和糠秕状鳞毛，鳞片暗棕色。孢子囊群着生于侧脉分叉处，靠近中脉，有隔丝，囊托突起，囊群盖球形，膜质。

生长习性：喜生长在山沟的潮湿坡地和溪边阳光充足的地方，常数十株或成百株构成优势群落，有的亦散生在林缘灌丛之中。本种孢子体生长缓慢，生殖周期较长，孢子萌发和配子体发育、交配都需要温和而湿润的环境。由于森林植被面积缩小，现存分布区内生境趋向干燥，致使配子体生殖环节受到严重妨碍，林下幼株稀少。

华南鳞盖蕨

科属 碗蕨科鳞盖蕨属

学名 *Microlepia hancei* Prantl

产地分布：原产于中国，广泛分布于中国南方各地。

形态特征：边根状茎横走，叶远生，叶片长圆三角形，一至二回羽状裂；羽片披针形，基部上侧略呈耳形凸起，边缘较少羽裂，羽状侧脉清晰。圆形孢子；囊群生于一条小脉顶端，囊群盖半杯形。

生长习性：喜温暖、湿润及荫蔽的环境，要求腐殖质含量丰富的土壤。

用途 宜作阴生观叶植物。

异叶鳞始蕨

科属 鳞始蕨科鳞始蕨属

用途 用于背阴处及林下绿化布置，是阴湿之地绿化的材料，与假山石配植，更具山野气息。

学名 *Lindsaea heterophylla* Dryand.

产地分布：原产于中国，分布于福建、台湾、广东、广西和云南东南部。

形态特征：根状茎短，横走，密生赤褐色钻形鳞片。叶近生，草质，无毛；叶柄四角形，暗栗色；叶片阔披针形或矩圆三角形，羽片披针形，叶缘有整齐的短尖锯齿。孢子囊群条形，生于小脉顶端的联结脉上，除基部两侧外，靠近叶缘连续分布；囊群盖同形。

生长习性：性喜温暖、阴湿、常生于溪边、林下灌丛之中或石隙阴处。喜疏松酸性土。孢子体生长缓慢，生殖周期较长；孢子萌发和配子体发育、交配都需要温和而湿润的环境。由于森林植被覆盖面积缩小，现存分布区内生境趋向干燥，致使配子体生殖环节受到严重妨碍，林下幼株稀少。

团叶鳞始蕨

（金钱草、高脚假铁线草、圆叶林蕨）

科属　鳞始蕨科鳞始蕨属

学名　*Lindsaea orbiculata* (Lam.) Matt

产地分布：原产于中国，分布于台湾、福建、广东、广西、贵州、四川东南部。

形态特征：根状茎短而横走，密生褐色披针形鳞片。叶面条状披针形，叶薄如纸；各羽片展开为一回羽状复叶，下部为二回羽状复叶，羽片团扇形，全缘或稍有圆齿。

生长习性：性喜温暖、阴湿，常生于溪边、林下或石隙阴处。喜疏松酸性土。

用途

用于背阴处及林下绿化布置，是阴湿之地绿化的材料，与假山石配植，更具山野之气息。

乌蕨

（乌韭、雉鸡尾、地柏枝）

科属 鳞始蕨科乌蕨属

学名 *Stenoloma chusanum* (Linn.) Ching

产地分布：原产于中国，广布于长江以南各地。

形态特征：根状茎短而横走，密生赤褐色钻状鳞片。叶厚革质，光泽无毛；叶片披针形，三至四回羽状细裂；羽片15~20对，互生，斜展，卵状披针形，下部羽片由下向上渐次变小；小羽片斜菱形，末回裂片倒三角状披针形，顶端平截并有钝齿；叶脉在小裂片上两叉。

生长习性：性喜温暖半阴环境，适生富含腐殖质的酸性或微酸性土壤。

用途 宜植于林缘、墙脚或岩旁，亦可盆栽。

傅氏凤尾蕨

（金钗凤尾蕨、井栏草、小叶凤尾草）

科属 凤尾蕨科凤尾蕨属

学名 *Pteris fauriei* Heirom

产地分布：原产于中国，在中国长江流域及以南地区都有分布。

形态特征：陆生矮小蕨类。根粗壮，茎较短，具黑褐色鳞片。叶子一般簇生于根茎，形如羽毛，重叠生长在一起；孢子囊群通常沿着叶背边沿连续生殖，褐色。

生长习性：在井栏边、石缝、墙根等阴湿处常见。喜温暖阴湿环境，有一定的耐寒性，但低于－10℃时叶梢会冻枯黄。稍耐旱，怕积水，喜生长在肥沃且排水良好的钙质土壤中。

用途

凤尾蕨全草可供药用，具有清热利湿、凉血解毒、强筋活络之效，民间多用于治痢疾和止泻。

半边旗

（半边蕨、单片锯、半边牙、半边梳、半边风药）

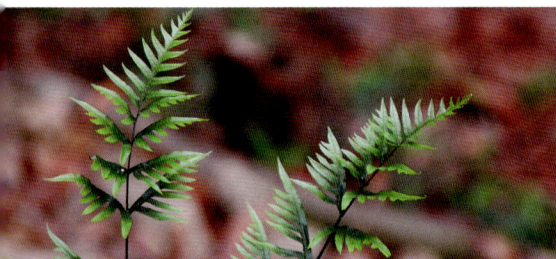

科属 凤尾蕨科凤尾蕨属

学名 *Pteris semipinnata* L.

产地分布：原产于亚洲热带地区，广泛分布于中国南方各地。

形态特征：多年生草本。根状茎粗短而横走。顶部和叶柄着生处有鳞片，鳞片线状钻形，顶生羽片三角形至阔披针形，篦齿状深裂达于叶轴，二回半边羽状深裂，呈半边的羽状分裂；孢子囊线形，沿裂片边缘着生，囊群盖线形，仅上面一层膜质，灰褐色。

生长习性：喜半阴潮湿环境，生于溪边、林下、岩石或墙边阴湿处，为酸性土指示植物。

用途

具有较高的观赏价值。全草可入药，具清热解毒，消肿止痛的功效。

铁线蕨

科属 铁线蕨科铁线蕨属

用途 钙质土指示植物。每小时能吸收大约20微克的甲醛，因此被认为是最有效的生物『净化器』。

学名 *Adiantum capillus-veneris* Linn.

产地分布：原产于中国，广泛分布于中国南方地区。

形态特征：根状茎横走，密被鳞片。叶远生或近生，柄栗黑色，叶片呈卵状三角形，中部以下多为二回羽状；羽片互生，斜扇形或近斜方形。

生长习性：喜荫蔽潮湿环境。

扇叶铁线蕨

（铁丝草、铁线草、水猪毛土）

科属 铁线蕨科铁线蕨属

学名 *Adiantum flabellulatum* Linn.

产地分布：广泛分布于热带亚热带地区。

形态特征：中小型陆生蕨。根状茎横生，密生棕色鳞毛，叶柄细长而坚硬，似铁线，故称铁线蕨。叶片卵状三角形；孢子囊群生于羽片的顶端。

生长习性：喜温暖湿润和半阴环境，喜疏松透水、肥沃的石灰质土及沙壤土，是中国暖温带、亚热带和热带气候区的钙质土和石灰岩的指示植物。

用途

蕨类植物中，铁线蕨是栽培最普及的种类之一。茎叶秀丽多姿，形态优美，株型小巧，极适合小盆栽培和点缀山石盆景，还是良好的切叶材料及干花材料。

阔片短肠蕨

科属 蹄盖蕨科短肠蕨属

学名 *Allantoia matthewii* (Copel.) Ching

产地分布：原产于中国，广东、广西、云南均有分布。

形态特征：草本。根状茎横走或横卧。叶片三角形，一回羽状至基部二回羽状；侧生羽片互生斜展，阔披针形边缘有钝锯齿或下部近全缘；叶轴上面有浅纵沟。

生长习性：喜半阴，喜温暖湿润的环境。

用途 宜作背阴处或林下绿化布置。

单叶双盖蕨

（矛叶蹄盖蕨、篦梳剑、小石剑）

科属 蹄盖蕨科双盖蕨属

用途

叶形优雅，颇具观赏价值；全草有清热凉血、利尿通淋之效。

学名 *Diplazium subsinuatum*
(Wall.ex Hook.et Grev.) Tagawa

产地分布：原产于中国，分布于台湾、福建、广东、江西、湖南、四川。

形态特征：根状茎细长横走，有黑色阔披针形鳞片。叶单一，疏生，纸质，无毛；叶片狭披针形或条状披针形，渐尖头，基部楔形，全缘或浅波状。侧脉羽状；孢子囊群条形；囊群盖同形。

生长习性：性喜温暖、阴湿，常生于溪边、林下或石隙阴处。由于森林植被面积缩小，现存分布区内生境趋向干燥，致使配子体生殖环节受到严重妨碍，林下幼株稀少。

华南毛蕨

科属 金星蕨科毛蕨属

用途 可作切花材料。

学名 *Cyclosorus parasiticus* (L.) Farw.

产地分布：原产于中国，分布于福建、台湾、广东、广西、云南、四川、湖南。

形态特征：根状茎横走，连同叶柄基部有深棕色披针形鳞片。叶近生，叶柄长达约40cm，深禾秆色，略有柔毛；叶片革质，矩圆状披针形，二回羽裂。

生长习性：性喜温暖、阴湿，常生于溪边、林下或石隙阴处。喜疏松酸性土。

巢蕨

（鸟巢蕨、山苏花）

科属　铁角蕨科巢蕨属

学名　*Neottopteris nidus* (Linn.) J.Sm.

产地分布：原产于热带及亚热带地区，广布于中国南部。

形态特征：多年生大型附生蕨类。根状茎短，密生鳞片，并生有海绵状须根，能吸收大量水分。叶片辐射状，丛生于根状茎顶部，形成鸟巢状，革质，阔披针形。孢子囊群长条状，生于叶脉两侧。

生长习性：喜半阴、温暖湿润环境，常附生于雨林内的树干或岩石处。

用途

株形丰满，叶色葱绿，是良好的悬挂观叶植物。它以体形粗壮、潇洒大方又带旷野气息的蓬勃株形，赢得人们的青睐。

乌毛蕨

（东方乌毛蕨、龙船蕨、赤蕨头、贯众、管仲）

科属　乌毛蕨科乌毛蕨属

学名　*Blechnum orientale* Linn.

产地分布：原产于中国，分布于福建、台湾、广东、广西、贵州、云南、四川、江西等地。

形态特征：根状茎粗短，直立，连同叶柄基部密生钻状披针形鳞片。叶簇生，叶柄棕色，坚硬，叶裂片长阔披针形，一回羽状；孢子囊群线形，开向主脉。

生长习性：喜温暖阴湿环境，抗逆性、耐热性强，为中国亚热带和热带地区酸性土指示植物。

用途

叶色翠绿，形态优美，被广泛应用于鲜花及插花艺术，同时由于管理粗放，可作园林绿化。是集营养保健与特殊风味为一体的野生蔬菜；根状茎可药用，有清热解毒、活血散瘀、除湿健脾胃之功效。

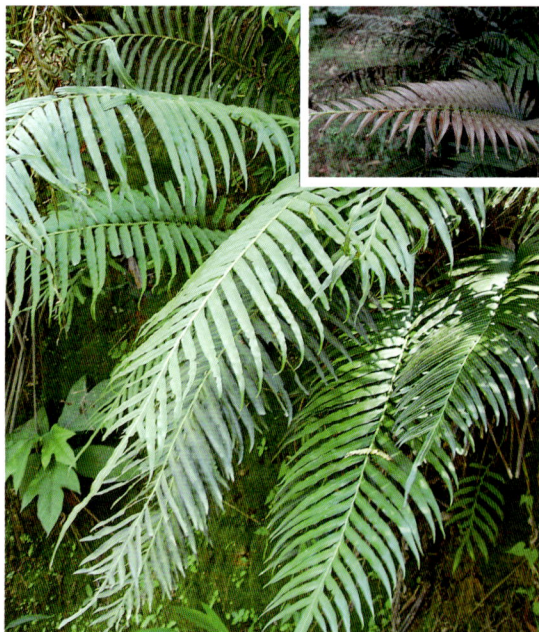

苏铁蕨

科属 乌毛蕨科苏铁蕨属

国家Ⅱ级重点保护植物。可盆栽观赏,置于庭院或公园,既具苏铁之庄重、高贵,又有蕨类之秀雅、飘逸。在华南地区是园林绿化佳品,成片种植,极具大自然原野风情。

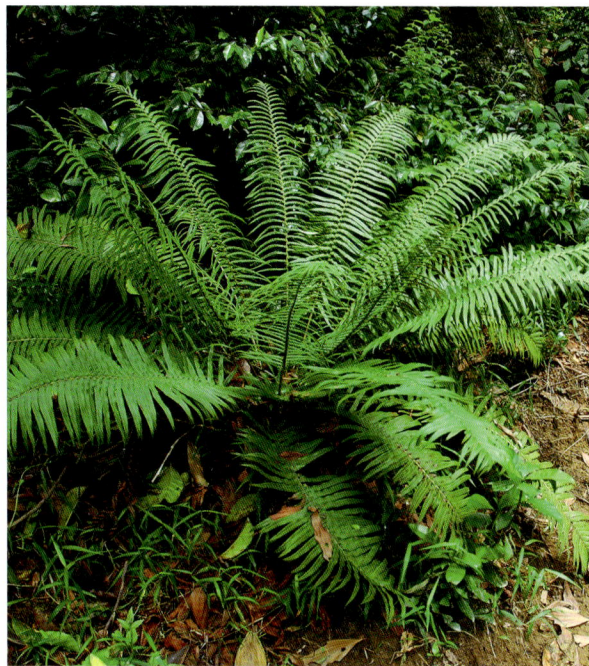

学名 *Brainea insignis* (Hook.) J.Sm.

产地分布:原产于中国,分布于福建、台湾、广东、香港等地。

形态特征:大型蕨类植物。根状茎粗短,直立,高可达1m,有圆柱状主轴,顶端密被红棕色长钻形鳞片。叶革质,多簇生,株形似苏铁,叶裂片近中脉形成网眼,能育叶与上育叶相似,但较小,下部满布孢子囊。

生长习性:常野生于较干旱的山坡和路旁。喜温暖气候,耐寒,宜种植于阳光充足、排水良好的地方。

沙皮蕨（拟叉蕨）

科属 叉蕨科沙皮蕨属

学名 *Hemigramma decurrins* (Hook.) Cop.

产地分布：原产于中国，分布于福建、广东、海南，云南等地。

形态特征：根状茎短，有许多近木质的根，顶部及叶柄基部均密被鳞片。叶簇生，上育叶卵形，奇数一回羽状或为三叉或有时为披针形的单叶；顶生羽片较大，阔披针形，能育叶与不育叶同形，但较小，孢子囊群沿叶脉网眼着生，成熟时满布于能育叶下面。

生长习性：喜半阴，喜温暖湿润。生丘陵疏林或灌丛中。

用途

株形美丽，宜作庭园绿化树种；根、叶、种仁亦供药用，具止血、化痰、利水、消痈肿等功效。

三叉蕨

科属 叉蕨科三叉蕨属

用途 叶姿态优雅，颇具观赏价值。

学名 *Tectaria subtriphylla* (Hook.et Am.) Cop.

产地分布：原产于中国，分布于台湾、福建、广东、江西、湖南、四川。

形态特征：多年生草本的地生性蕨类植物。根茎粗壮，直立至匐匐横生，呈规则分歧；外被多数深褐色的披针形鳞片。叶为一回羽状复叶，叶身具一做三分叉的顶羽片与1~2对的侧羽片，最下1对侧羽片又作羽状深裂，边缘有钝的规则齿刻；孢子囊群圆形或卵状，不规则散生于羽片背面，且多集中在近叶缘处。

生长习性：性喜温暖、阴湿，常生于溪边、林下或石隙阴处。

肾蕨

（蜈蚣草、圆羊齿、篦子草、石黄皮）

科属 肾蕨科肾蕨属

用途 广泛应用的观赏蕨类。

学名 *Nephrolepis auriculata* (Linn.) Trimen

产地分布：原产于热带及亚热带地区，中国福建、广东、台湾、广西、云南、浙江等南方各地都有野生分布。

形态特征：根状茎粗短，直立，连同叶柄基部密生钻状披针形鳞片。叶簇生，叶柄棕色，坚硬，叶裂片长阔披针形，一回羽状；孢子囊群线形，开向主脉。

生长习性：喜半阴、喜温暖，但对温度的适应能力很强，适宜生长于富含腐殖质、渗透性好的中性或微酸性疏松土壤。

裸子植物门
GYMNOSPERMAE

苏铁
（金代、铁树）

科属 苏铁科苏铁属

用途：为庭院、室内常见的大型盆栽观叶植物；树干髓心含淀粉，可食用，又可作酿酒的原料，能提高出酒率。

学名 *Cycas revoluta* Thumb.

产地分布：原产于中国，分布于广东、福建、台湾、贵州、湖南、海南等地。

形态特征：常绿木本。干为圆柱形，有显著之落叶痕迹，全株呈伞形，叶丛生茎端，为大型羽状复叶。花顶生，雌雄异株，雄球花圆柱形，黄色，雌球花头状扁球形，密生褐色绒毛。花期6~7月。树形古朴，主干粗壮，坚硬如铁，叶锐如针，洁滑有光，四季常青。

生长习性：喜温暖、湿润和充足阳光，也耐半阴，忌夏季烈日暴晒。耐旱，浇水过多易烂根，土壤以肥沃、排水良好的带微酸性沙壤土为宜，栽培环境需通风良好。

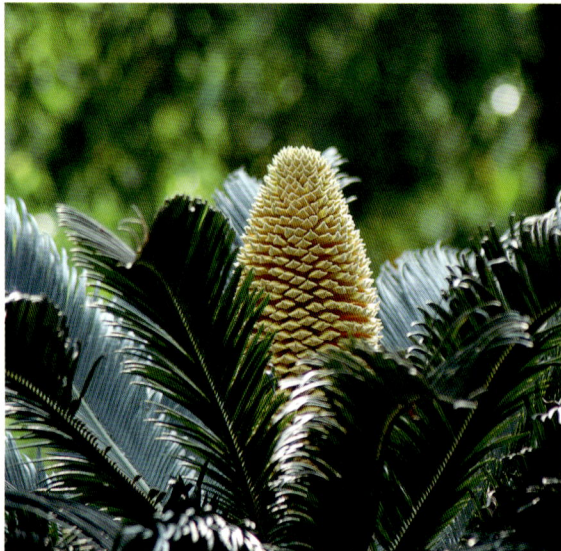

马尾松
（青松、山松、枞松）

科属　松科松属

用途

心边材，有弹性，富含树脂，耐腐力弱，供建筑、枕木、矿柱、家具及木纤维工业（人造丝浆及造纸）原料等用。树干可割取松脂，为医药、化工原料。根部树脂含量丰富；树干及根部可培养茯苓、蕈类，供中药及食用，树皮可提取栲胶。此外，是荒山造林的先锋树种。

学名 *Pinus massoniana* Lamb.

产地分布：在中国分布极广，北至河南及山东南部，南至广东、广西、台湾，东至沿海，西至四川中部及贵州，遍布于华中、华南各地。

形态特征：常绿乔木，高达 45m。树皮裂成不规则的鳞状块片，枝平展或斜展，无毛，冬芽卵状圆柱形或圆柱形，芽鳞边缘丝状。针叶每束 2~3 针，长 12~20cm，微扭曲，两面有气孔线，边缘有细锯齿，横切面半圆形。雄球花淡红褐色，圆柱形，弯垂，聚生于新枝下部成穗状；雌球花单生或 2~4 个聚生于新枝近顶端，淡紫红色。球果卵圆形，熟时栗褐色；鳞盾菱形，鳞脐微凹，常年无刺；种子长卵圆形，具长翅，子叶 5~8 枚。花期 4~5 月；果熟期翌年 10~12 月。

生长习性：阳性树种，喜光、喜温，不耐庇荫。对土壤要求不严格，喜微酸性土壤，但怕水涝，不耐盐碱。

杉木

科属　杉科杉属

学名 *Cunninghamia lanceolata* (lamb.) Hook

产地分布：原产于中国，分布于台湾、福建、广东、江西、湖南、四川。

形态特征：常绿乔木。树冠高大，尖塔形；树皮灰褐色，长条状脱落，大枝平展；小枝对生或轮生。叶披针形，革质。球果卵圆形。

生长习性：喜光，喜温暖、阴湿，对土壤要求不高。

用途

纹理顺直、耐腐防虫，广泛用于建筑、桥梁、电线杆、造船、家具和工艺制品等。据统计，中国建材约有1/4是杉木。杉树生长快，一般只要10年就可成材，是中国南方最重要的特产用材树种之一。

水松
（水棉、水石松）

科属 杉科水松属

用途 中国特有种，是第四纪冰川后的孑遗树种，国家Ⅰ级重点保护植物。适用于暖地的园林绿化，最适宜低湿地成片造林，或用于固堤、护岸、防风。

学名 *Glyptostrobus pensilis* (Staut.) Koch

产地分布：原产于中国，主要分布于珠江三角洲，广东、福建中部以南、广西灵山、云南东南部、江西中部以及四川合江地区。

形态特征：常绿乔木，树干具扭纹。生于湿生环境者干基膨大具圆棱，并有藤状呼吸根；枝较稀疏，叶2型。大枝平展，树冠呈卵形或倒卵形，春叶鲜绿色，入秋后转为红褐色，并有奇特的藤状根，故有较高的观赏价值。雌雄同株，球花单生枝顶，雌球花卵状椭圆形。球果直立，倒卵状球形。

生长习性：喜光，喜温暖湿润的气候和水湿环境，耐低温和干旱。对土壤的适应性较强，除重盐碱土外，其他各种土壤都能生长，但最适生于中性或微碱性土壤。

长叶竹柏

科属 罗汉松科罗汉松属

学名 *Nageia fleuryi* (Hickel) de Laub.

产地分布：原产于中国。分布于广东高要、龙门、增城，海南跳罗山、坝王岭、尖峰岭、黎母岭，广西合浦，云南蒙自、屏边等地。越南、柬浦寨也有分布。

形态特征：常绿乔木，树高可达30m，树干直，树冠塔形。树皮片状剥落，褐色。叶交互对生，叶质地厚，宽披针形至椭圆状披针形。花单性，雌雄异株，雄球花穗状簇生于叶腋，雌球花单生叶腋，数枚苞片，仅一片发育成种子。种子核果状，圆球形，肉质假种皮包裹。3~4月开花，10~11月种子成熟。

生长习性：生于海拔800~900m的山地林中。

用途

渐危种，国家III级保护植物。木纹理直，结构细而均匀，材质较软轻，切面光滑，开裂、变形，为高级建筑、高档家具、乐器、器具、雕刻等用材；种子含油量30%，可为干性油。树形美观，可作庭园绿化树。

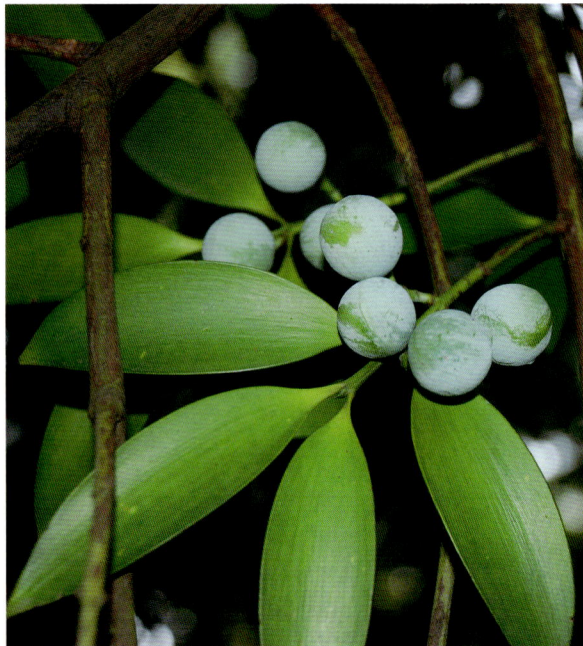

罗汉松

（小罗汉松、土杉）

科属 罗汉松科罗汉松属

学名 *Podocarpus macrophyllus* (Thunb.) D.Don

产地分布：原产于中国，分布于长江以南各地。

形态特征：乔木。树皮深灰色，成鳞片状开裂。叶螺旋状排列，线状披针形。雄球花穗状，雌球花单生叶腋。种子卵圆形，成熟时为紫色或紫红色，有梗。花期5月，种子10~11月成熟。

生长习性：喜温暖湿润和半阴环境，耐寒性略差，怕水涝和强光直射，要求肥沃、排水良好的沙壤土。

用途

树姿秀丽葱郁，夏、秋季果实累累，惹人喜爱。适用于小庭地栽，门前对植和墙院、山石旁配置，也可盆栽或制作树桩盆景供室内陈设。

罗浮买麻藤
（倪藤、大节藤、买子藤）

科属 买麻藤科买麻藤属

用途 茎皮纤维强韧，早年村民用来制麻袋、鱼网等；宜作垂直绿化植物。

学名 *Gnetum luofuense* C. Y. Cheng

产地分布：原产于中国，广泛分布于广东及海南各地。

形态特征：藤本。茎枝圆形，皮紫棕色。叶有光泽、长圆形、椭圆形或长圆状卵形。伞形花序。成熟种子假种皮，橘红色，椭圆球形。

生长习性：喜温暖、湿润环境，喜半阴，对土质要求严。

被子植物门
ANGIOSPERMAE

观光木

（香花木、宿轴木兰）

科属 木兰科观光木属

用途

国家Ⅱ级重点保护植物。其木材结构细致，纹理直，易加工，是高档家具和木器的优良用材。根系发达，涵养水源效果明显。具有鲜明的园艺特征，是一种难得的具有赏花、观果效果的绿化珍稀树种。

学名 *Tsoongiodendron odorum* Chun

产地分布：原产于中国，分布于云南、贵州、广西、湖南、福建、广东和海南等热带到中亚热带南部 地区。

形态特征：常绿乔木。树皮灰褐色，具深皱纹。叶互生，椭圆形。花单生叶腋，芳香，淡黄白色，具红色斑点，花丝红色。聚合果长椭圆形，成熟时暗紫色，具黄色皮孔。

生长习性：喜光，喜温暖多湿润环境。

假鹰爪
（酒饼叶、酒饼藤、山指甲、一串珠、鸡爪风）

科属 番荔枝科假鹰爪属

用途 枝叶常年浓绿，花朵清香；果似鹰爪，颇有特色。宜孤植或丛植于庭院周围。根、叶可作药用，叶也可制酒饼。

学名 *Desmos chinensis* Lour.

产地分布：原产于亚洲，中国分布于广东、广西、贵州。

形态特征：常绿小乔木。树皮灰色或灰褐色；小枝淡绿色，顶芽圆锥形，外面密被锈色短柔毛。叶互生，宽卵形、倒卵形至卵状长圆形。伞形花序2至数个簇生叶腋短枝上。果长卵形，果托浅碟状。花期11月至翌年5~6月；果期6~8月。

生长习性：喜温暖半阴环境，常见于山谷，疏林中。

瓜馥木
（狗夏茶、飞扬藤、小香花藤、藤龙眼、降香藤）

科属 番荔枝科瓜馥木属

学名 *Fissistigma oldhamii* (Hemsl.) Merr

产地分布：原产于中国广东。分布于华南、华东地区及云南、湖北。越南也有。

形态特征：攀缘灌木。长约8m，幼枝被黄色柔毛。叶互生，革质，长圆形至倒卵状椭圆形，先端短尖或钝圆，基部楔形，上面无毛，下面中脉上枝疏毛，侧脉明显。花1~3朵集成密伞花序；萼片3，卵圆形，有毛；花瓣6，外转花瓣披针形、卵四状长圆形，内轮较小，宽三角形；雄蕊多数，药隔稍偏斜；心皮被长绢毛，分离，花柱弯曲，无毛，柱头2裂。果球形，浆果状，密被黄棕色绒毛；种子圆形。花期4~9月；果期7月至翌年2月。

生长习性：喜生于低海拔山谷水旁灌木丛中。

用途 可作园林景观植物。茎皮纤维可制作绳索和造纸；花可提制瓜馥木挥发油或浸膏，用于调制化妆品、皂用香精的原料。种子油供工业用油。根可药用，治跌打损伤和关节疾病；果肉味甜，可食。

紫玉盘
（油椎、油饼木）

科属　番荔枝科紫玉盘属

用途 花色美丽，果实紫色，花果期长达半年以上，适宜栽于庭园周围或作盆景。

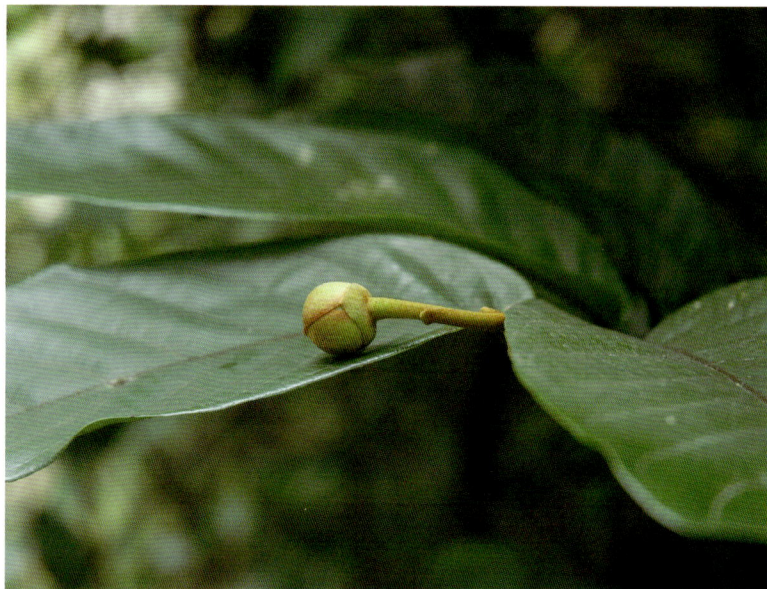

学名 *Uvaria macrophylla* Roxb.

产地分布：原产于中国，分布于广西、广东、海南、台湾。

形态特征：直立灌木。幼枝密被黄色星状柔毛。叶革质，长倒卵形或长圆形，全缘，基部稍近形至圆形，背面被星状柔毛，花1~2朵与叶对生，暗紫红色或淡红褐色。成熟心皮暗紫褐色。花期3~4月。

生长习性：喜阳光。常生于低海拔的林缘或山坡灌丛中。耐旱，耐瘠薄。

毛黄肉楠
（茶胶树、胶木、毛樟）

科属 樟科黄肉楠属

学名 *Actinodaphne pilosa* (Lour.) Merr.

产地分布：原产于中国，分布于广东、广西、云南。

形态特征：小乔木或灌木。叶革质，倒卵形，下面有柔毛。花序腋生，圆锥状，苞片在开花前脱落。

生长习性：阳性树，稍耐阴。对土壤要求严，喜肥沃、疏松、湿润的土壤。

用途
宜作庭院绿化树种；皮、叶可入药，具祛风、消肿、解毒等功效。

毛桂

（假桂皮、香桂子）

科属 樟科樟属

用途：树皮可代肉桂入药。木材作一般用材，并可作造纸糊料。

学名 *Cinnamomum appelianum* Schewe

产地分布：产于中国湖南、江西、广东、广西、贵州、四川、云南等地。

形态特征：小乔木。高4~6m，极多分枝，分枝对生；树皮灰褐色或橄绿色。枝条略芳香，圆柱形。芽狭卵圆形，锐尖，芽鳞覆瓦状排列，革质，褐色，密被污黄色硬毛状绒毛。叶互生或近对生，椭圆形、椭圆状披针形至卵形或卵状椭圆形。花白色；花梗极密被黄褐色微硬毛状微柔毛或柔毛。花被两面被黄褐色绢状微柔毛或柔毛但内面毛较长，花被筒倒锥形。未成熟果椭圆形，绿色；果托增大，漏斗状，顶端具齿裂，宽7mm。花期4~6月；果期6~8月。

生长习性：生于山坡或谷地的灌丛和疏林中。

樟树
（香樟）

科属 樟科樟属

学名 *Cinnamomum camphora* (L.) Presl.

产地分布：原产于中国东南沿海。

形态特征：常绿大乔木。树冠庞大，呈广卵形，树皮灰褐色，纵裂。单叶互生，薄革质，叶脉腋有腺点，边缘呈波状，圆锥花序生于新梢叶腋，花小，黄绿色，花期5月，。浆果球形，11月果熟，熟时紫黑色，具杯状果托。

生长习性：喜温暖湿润的气候，耐严寒；喜阳，稍耐阴。对土壤的要求高，在碱性土种植时易发生黄化。

用途

国家Ⅱ级重点保护植物。枝叶茂密、树姿雄伟，四季葱茏，是城市绿化的优良树种，广泛用作庭荫树、行道树、防护林及风景林。

阴香

（山玉桂、野玉桂、香胶叶）

科属　樟科樟属

用途

树冠伞形或近圆球形，形态优美。宜作庭园和道旁树。阴香对氯气和二氧化硫均有较强的抗性，为理想的防污绿化树种。另外，阴香还是重要经济植物肉桂的砧木。

学名　*Cinnamonum busmannii*
(C. G. & Th. Nees) Bl.

产地分布：原产于亚洲，分布于广东、广西、江西、福建、浙江、湖北、贵州。

形态特征：树皮灰褐至黑褐色，有近似肉桂的气味。幼嫩枝梢的气味近似檀香。叶规则对生或为散生，卵形至长椭圆形。花绿白色，组成近顶生或腋生的圆锥花序。果实卵形，果托具有半残存的花被片。花期3月；果期冬末。

生长习性：喜阳光，常生于肥沃、疏松、湿润而积水的地方。自播力强，母株附近常有天然苗生长。适应范围广。

厚壳桂

科属 樟科厚壳桂属

用途 宜作庭院阴生绿化树种。

学名 *Cryptocarya chinensis* (Hance) Hemsl.

产地分布：原产于中国南方各地。

形态特征：常绿乔木或灌木。叶互生，通常具羽状脉。花两性，组成腋生或近顶生圆锥花序；花被筒陀螺形或卵形。果为核果状，球形，椭圆形或长圆形，全部包藏于肉质或硬化的增大的花被筒内，顶端有小开口，外面光滑或有多数纵棱。

生长习性：中生性树种，具有较强的耐阴性。

黄果厚壳桂
（黄果桂）

科属 樟科厚壳桂属

用途 木质致密坚硬，耐湿，但易被虫蛀，可作家具用材。

学名 *Cryptocarya concinna* Hance

产地分布：原产于中国，分布于云南、广西、广东、湖南、台湾、福建、浙江等地。

形态特征：乔木。叶互生，薄革质或纸质，椭圆形或长圆形。圆锥花序顶生或腋生，花两性，淡绿色。果卵状长圆形，熟时黑色或黑蓝色。

生长习性：生于谷地或缓坡常绿阔叶林。

香叶树
（香果树、香油果）

科属 樟科山胡椒属

用途 耐修剪，叶绿果红，颇为美观，可栽作庭园绿化及观赏树种；叶和果可提取芳香油；种仁含油50%，供工业用油或作食用。

学名 *Lindera communis* Hemsl.

产地分布：原产于中国，主要分布在华中、华南、西南地区。

形态特征：常绿乔木，有时呈灌木状，小枝绿色。叶互生，椭圆形或卵状长椭圆形，全缘，革质，羽状脉，表面有光泽，背面常有短柔毛。雄花黄色，雌花黄色或黄白色。果近球形，熟时深红色。

生长习性：耐阴，喜温暖气候，耐干旱瘠薄，在湿润、肥沃的酸性土壤生长较好。

学名 *Litsea cubeba* (Lour.) pers.

产地分布：原产于中国，分布于云南、广东、广西、福建。

形态特征：落叶小乔木。幼树树皮黄绿色，光滑，老树灰褐色；枝叶具芳香味，叶互生，纸质，通常披针形或长圆状披针形。花序单生或簇生，花冠白色至黄色；果近球形，成熟时黑色。花期 2~3 月；果期 7~8 月。

生长习性：喜光或稍耐阴。浅根性，常生于荒山、荒地、灌丛中或疏林内、林缘及路边，萌芽性强。

科属 樟科木姜子属

山苍子

（山鸡椒、木姜子）

用途

生长快，结实力强。木材材质中等，耐湿蛀，易劈裂，可作小器具用材。花、叶、果肉可蒸提山苍子油，油内含柠檬醛约70%，柠檬醛可提制紫罗兰酮，为优良挥发性香精，用于食品、糖果、香皂、化妆品等。种子含油率38.43%，供工业用。根、茎、叶、果均可入药，有祛风散寒、消肿止痛之效；果实的中药名为"毕澄茄"，可治疗血吸虫病。

41

学名 *Litsea glutinosa* (Lour.) C. B. Rob.

潺槁树
（潺槁木姜子）

科属　樟科木姜子属

用途　木材做家具；树皮和木材含胶质，可作粘合剂。根皮及叶可清湿热，消肿毒。种子榨油供制皂和硬化油。

产地分布：原产于中国，分布于云南、广东、广西、福建。

形态特征：常绿乔木或小乔木。叶互生，倒卵状长圆形或椭圆状披针形，先端钝圆，幼叶两面被毛，叶柄被灰黄色绒毛。伞形花序单生或几个簇生于短枝上；雌雄异株；花被片完全或缺，能育雄蕊15枚或更多。果球形。夏季开花，秋冬间为果熟期。

生长习性：喜光，喜温暖至高温湿润气候，耐干旱，耐瘠薄，耐寒，对土质选择严。

假柿木姜子

科属 樟科木姜子属

（假柿树、假沙梨、山菠萝树、山口羊、纳槁、猪母槁）

学名 *Litsea monopetala* Pers.

产地分布：原产于亚洲地区，分布于广东、广西、贵州。

形态特征：常绿乔木。树皮灰色或灰褐色；小枝淡绿色，顶芽圆锥形，外面密被锈色短柔毛。叶互生，宽卵形、倒卵形至卵状长圆形。伞形花序2至数个簇生叶腋短枝上。果长卵形，果托浅碟状。花期11月至翌年5~6月；果期6~8月。

生长习性：喜半阴环境，常见于潮湿的山谷、疏林。

用途

为紫胶虫寄主植物之一。其木材可作家具等用途；种子含油脂30.33%，油供工业用。民间常用叶外敷治关节脱臼。

豹皮樟
（大灰木、百叶仔、白柴、香叶子）

科属 樟科木姜子属

用途 种子含脂肪油，果叶含芳香油，有祛风除湿、行气止痛、活血通经作用。

学名 *Litsea rotundifolia* Hemsl var.*oblongifolia* (Nees) Allen

产地分布：原产于中国，分布于广东、广西、江西、湖南、贵州。

形态特征：常绿灌木或小乔木。叶互生，革质，中脉隆起，叶柄密有褐色柔毛。雌雄异株，伞形花序。果球形。

生长习性：喜光，较耐阴，喜高温多雨，生于山坡或林缘阳处。

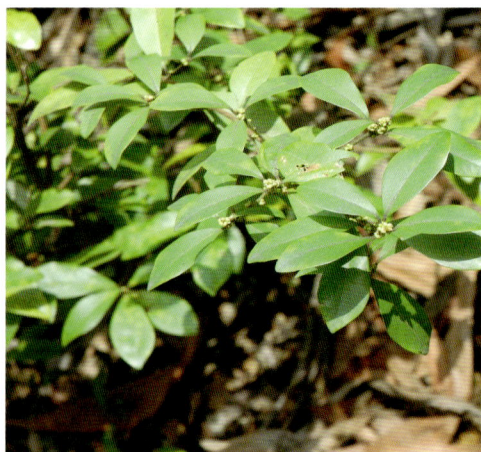

黄绒润楠
（黄桢楠）

科属 樟科润楠属

用途 入药，有消炎止血、散瘀消肿之功效。

学名 *Machihus grijsii* Hance

产地分布：原产于中国福建、广东、江西、浙江。

形态特征：常绿乔木。芽、小枝、叶柄、叶背面均有黄褐色短绒毛。叶革质，倒卵状长圆形。聚伞花序顶生，密被黄褐色短绒毛，花期3~4月。果球形。

生长习性：喜欢温暖而潮湿的环境，适宜种植于土层疏松、排水良好的土壤，在山谷或河边等地较为常见。

短序润楠

（知序桢楠、白皮槁）

科属 樟科润楠属

学名 *Machilus breviflora* (Benth) Hemsl.

产地分布：原产于中国广东。广西、香港有分布。

形态特征：常绿乔木，高约8m。树皮灰褐色。小枝深褐色；芽卵形，芽鳞被绒毛。叶革质，常聚生于小枝端，倒卵形或倒卵状披针形，先端钝，基部渐狭，两面无毛；中脉上面凹陷，下面凸起，侧脉和网脉纤细；叶柄较短。圆锥花序3~5个，顶生，有长总梗，花枝萎缩，常呈伞形花序状，无毛；花梗短；花绿白色；外轮花被裂片较小，结果时花被片宿存；腺体具短柄；退化雄蕊箭头形，有柄。果球形。花期7~8月；果期10~12月。

生长习性：生于山谷或山坡疏林中。

用途 树形美观，枝叶浓密，可作园林观赏树。

浙江润楠

科属 樟科润楠属

用途 材用树种。枝、叶含芳香油，入药，有化痰、止咳、止痛、止血之效，治气管炎、消肿、烧烫伤及外伤止血等症。又是食品或化妆品的香料来源之一。

学名 *Machilus chekiangensis* S. K. Lee

产地分布：分布于中国广东、广西、海南、江西、湖南、福建、浙江。中南半岛各国也有分布。

形态特征：常绿乔木。枝褐色，具纵裂的唇形皮孔。叶革质，常聚生于小枝枝梢，倒披针形，顶端尾状渐尖，基部渐狭；叶下面初时有贴伏柔毛；中脉在上面稍凹下，在下面凸起；侧脉每边 10~12 条；叶柄纤细。圆锥花序 3~5 个聚集顶生，常较叶片长，有花 10~18 朵；花绿白色；花被裂片，外面被淡黄色微柔毛。果序生于当年生枝的基部，纤细，具灰白色柔毛；果球形；宿存花被裂片近等长，两面均被灰白色柔毛。果期 6 月。

生长习性：生于山坡疏林中。

学名 *Machilus pauhoi* Kanehira

产地分布：主要分布于中国安徽、浙江、江西、福建、湖南、广东、广西等地。

形态特征：常绿大乔木。树皮青灰色；顶芽大，芽鳞多数，呈覆瓦状排列。叶革质互生，近聚于枝端，全缘光滑，狭椭圆形或倒披针形。花两性，细小，黄白色，为腋生圆锥花序。核果球形，果熟呈蓝黑色，果下有宿存反屈的花被裂片。花期4月，7月中、下旬果熟。

生长习性：为深根性偏耐阴树种，幼年喜阴耐湿，生长缓慢，中年喜光喜湿，生长迅速，适应性强。

科属　樟科润楠属

刨花润楠
（刨花楠）

用途

优良的庭园观赏、绿化树种。干形通直，出材量大，木材黄白色，纹理通直，结构细密，材质较轻，硬度适中，是优良的家具、胶合板、细木工具用材。

莲

（荷花、水芙蓉、芙蕖）

科属　睡莲科莲属

用途

中国十大名花之一。莲全身是宝，藕、叶、叶柄、莲蓬、花托入药，能清热止血；莲心（种子的胚）有清心火，强心降压功效；莲子（坚果）有补脾止泻、养心益肾功效。莲藕可作蔬菜食用或提取淀粉（藕粉）。

学名　*Nelumbo nucifera* Gaertn.

产地分布：原产于中国，在中国除西藏、青海外，其他各地均有分布。

形态特征：多年生水生草本。具横走根状茎。花单生在花梗顶端，萼片5，早落；花瓣多数为红色、粉红色或白色，嵌生在海绵质的花托穴内。坚果椭圆形或卵形。花期6~8月，果期8~10月。

生长习性：多年生长在水中。自生或栽培在池塘或水田内。

沈氏十大功劳
（北江十大功劳、木黄莲）

科属 小檗科十大功劳属

学名 *Mahonia shenii* Chun.

产地分布：原产于中国广东、广西、贵州、湖南、福建。

形态特征：灌木。叶卵状椭圆形，基出脉 3 条，全缘。总状花序。浆果球形，蓝色，被白粉。

生长习性：喜半阴，喜温暖湿润环境。

用途 根茎入药，具清心胃火、解毒之功效。

马兜铃
（青木香）

科属　马兜铃科马兜铃属

用途

果称马兜铃，为清肺、镇咳化痰药；茎称天仙藤，能疏风活血；根称青木香，有解毒、利尿通淋、理气止痛之效。；民间用叶煎水或捣烂敷治毒蛇咬伤。

学名 *Aristolochia debilis* Sieb.et Zucc.

产地分布：原产于中国广东北部，海南岛有栽培。分布于黄河以南，南至广东北部。日本也有分布。

形态特征：攀缘草质藤本。块根圆柱形；茎柔弱，长 1m 或更长，无毛。叶纸质，三角状、心形、长圆状卵形或戟状披针形，顶端钝圆至短渐尖，基部心形，无毛；基出脉 5~7 条。花单生于叶腋，暗紫绿色；花被管基部膨大呈球形，外面无毛，内有腺体状毛，有 5 条纵脉，舌片卵状披针形，顶端长渐尖；雄蕊 6 枚，花药卵形，单个与合蕊柱裂片对生；合蕊柱顶端 6 裂。蒴果近球形；种子钝三角形，扁平，具膜质宽翅。花期：7~9 月；果期：9~10 月。

生长习性：生于山谷、山沟、路旁阴湿处及山坡灌丛中。

学名 *Piper hancei* Maxim.

山蒟
（山蒌）

科属 胡椒科胡椒属

产地分布：原产于中国，分布于华中、华东。

形态特征：多年生常绿木质藤本植物。茎长达数米，无毛，圆柱形，略有棱，节上常生定根。叶纸质或近革质，狭椭圆形或卵状披针形，基部有时明显对称，两面无毛或背面有极稀短柔毛。花单性，雌雄异株，无花被，成穗状花序；苞片盾状，无柄，无毛，近圆形；雄蕊 2，花丝短。浆果球形，黄绿色。花期：4~7 月。

生长习性：生于密林或疏林中，常攀缘于树或岩石上。

用途 全株药用，祛风止痛，治风湿、咳嗽、感冒。

鱼腥草
（蕺菜）

科属 三白草科蕺菜属

用途 全株可入药，有利尿通淋、解毒、消炎、排脓、祛痰作用。

学名 *Houttuynia cordata* Thunb.

产地分布：广布于中国南方各地。

形态特征：多年生草本，全株有腥臭味。茎上部直立，常呈紫红色。叶互生，薄纸质，有腺点，卵形或阔卵形。花小，白色。蒴果近球形，顶端开裂。

生长习性：喜光，喜温暖湿润环境。

金粟兰
（珠兰、珍珠兰）

科属 金粟兰科金粟兰属

学名 *Chloranthus spicatus* (Thunb.) Makinoe

产地分布：原产于中国。分布于华南地区及云南、福建。

形态特征：亚灌木，高 30~60cm；茎分枝，直立或稍平卧，圆柱形，无毛。叶多数，对生，厚纸质，椭圆形、近椭圆圆形或几为倒卵形，顶端钝或近短尖，基部楔形，边缘除基部外具浅疏的圆齿，齿端有腺体；侧脉 6~8 对，两面稍凸起，网脉很明显；叶柄基部合生；托叶线形。穗状花序通常顶生，少有腋生，常分枝排成圆锥花序状；苞片三角形，长和基部宽近相等；花黄绿色，芳香；雄蕊 3 枚，中央的花药 2 室，两侧的花药室，药隔合生，卵形，顶端规则 3 齿裂，中央裂片大，两侧的裂片小，子房倒卵形。核果倒卵形或近梨形。花期 4~7 月；果期 8~9 月。

生长习性：喜温暖、潮湿和通风的环境，喜阴，忌烈日。常见于山坡及山谷密林中。

用途 作观赏用。花和根状茎可提取芳香油，鲜花极香，常用于熏茶叶。全株入药，治风湿疼痛、跌打损伤，根状茎捣烂可治疗疮。有毒，用时宜慎。

草珊瑚

（九节茶、肿节风、接骨木）

科属 金粟兰科草珊瑚属

学名 *Sarcandra glabra* (Thunb.) Nakai

产地分布：原产于中国，分布于中国南方各地。

形态特征：多年生常绿草本或亚灌木。茎直立，节膨大，节间有纵行较明显的脊和沟。单叶对生，卵状长圆形，边缘除近基部外有粗锯齿，齿端有1个腺体。花黄绿色，单性同株，雌雄花合生组成顶生短穗状花序。浆果核果状，球形，熟时呈鲜红色。花期8~9月；果期10~11月。

生长习性：适宜温暖湿润气候，喜阴凉环境，忌强光直射和高温干燥。喜腐殖质层深厚、疏松肥沃、微酸性的沙壤土，忌贫瘠、板结、易积水黏重的土壤。

用途

药性温、味苦辛，具有祛风通络、活血散结、抗菌消炎之功能，常用于治疗由细菌感染引起的炎症、高热及预防手术感染等。

火炭母
（翅地利、火炭星、火炭藤、白饭草、白饭藤）

科属　蓼科蓼属

用途：以全草入药，四季可采，洗净晒干或鲜用。

学名 *Polygonum chinense* L.

产地分布：原产于中国，云南、四川、贵州、广西、广东、湖南、江西等地有分布。

形态特征：多年生蔓性草本。茎圆柱形，略具棱沟，下部质坚实，多分枝，伏地者节处生根，嫩枝紫红色。单叶互生，矩圆状或卵状三角形。秋季枝顶开白色或淡红色小花，头状花序再组成圆锥状或伞房状。瘦果卵形，具三棱，黑色，光亮。

生长习性：喜野生于沟边、村旁、园边肥沃潮湿处。喜温暖湿润环境，切忌干燥和大雨冲刷。土壤以疏松、肥沃的腐叶土最宜。

杠板归
（河白草、蛇倒退、梨头刺、蛇不过）

科属 蓼科蓼属

学名 *Polygonum perfoliatum* L.

产地分布：原产于中国，在长江流域及其以南地区都有分布。

形态特征：多年生草本。茎有棱，红褐色，有倒生钩刺。叶互生，盾状着生；叶片近三角形，下面沿脉疏生钩刺；托叶鞘近圆形，抱茎。花序短穗状；苞片圆形；花被5深裂，淡红色或白色，结果时增大，肉质，变为深蓝色。瘦果球形，包于蓝色多汁的花被内。

生长习性：喜高温、湿润气候，较耐阴耐旱，对土壤要求严。

用途

利水消肿，清热解毒，止咳。用于肾炎水肿、百日咳、泻痢、湿疹、疖肿、毒蛇咬伤。

野苋
（野苋菜）

科属 苋科苋属

学名 *Amaranthus viridis* L.

产地分布：原产于南美洲，广布于中国南方各地。

形态特征：一年生草本植物。茎直立，叶子为互生。一年到头都开花，绿色的小花为雌雄同株，穗状花序，顶生或腋生。果实为胞果，为薄膜包住的黑色果实。

生长习性：阳性喜光，对土壤要求严，喜肥沃、疏松、湿润的土壤。

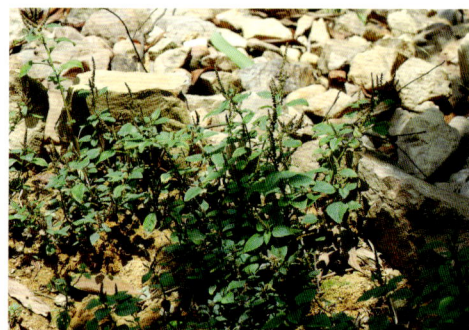

酢浆草
（酸浆、三叶酸、三角酸、酸母、醋母）

科属 酢浆草科酢浆草属

学名 *Oxalis corniculata* L.

产地分布：原产于热带及温带地区，中国南北各地都有分布。

形态特征：多年生草本。全体有疏柔毛；茎匍匐或斜升，多分枝。叶互生，掌状复叶有3小叶，倒心形。花黄色，1至数朵组成腋生的伞形花序，花瓣倒卵形，微向外反卷；蒴果近圆柱状，5棱，有短柔毛，成熟开裂时将种子弹出。花果期4~8月。

生长习性：喜光充足、温暖湿润的环境，常见于路边草丛或田野、房前屋后较湿润处。

用途

花量大，具有较高的观赏价值。全草入药，有清热解毒、消肿散疾之效，可治蛇虫蜇伤，也可治尿血、尿路感染、黄疸肝炎等。

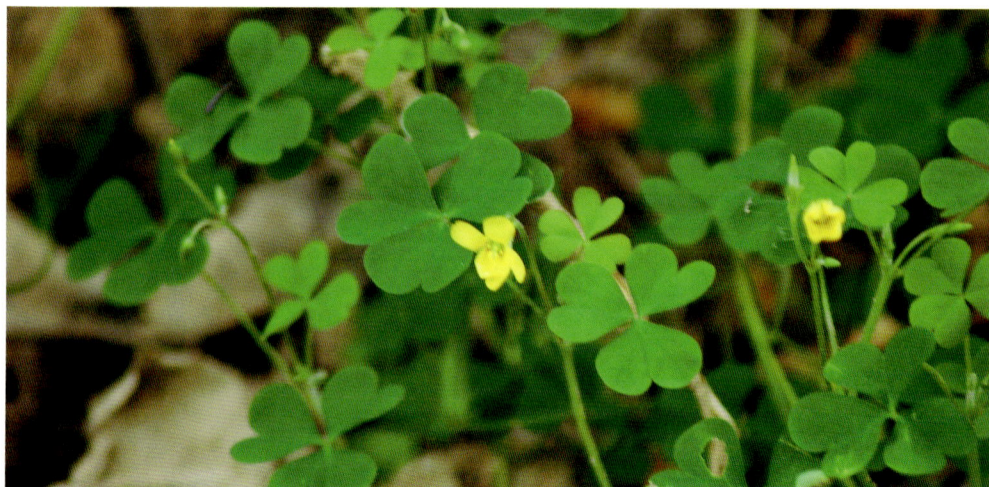

红花酢浆草
（大酸味草、三叶草）

科属 酢浆草科酢浆草属

用途 花期长，花色艳，其地下茎蔓延迅速，能较快地覆盖地面，又容易栽培，管理粗放，可在林缘向阳处或疏林下作地被植物。

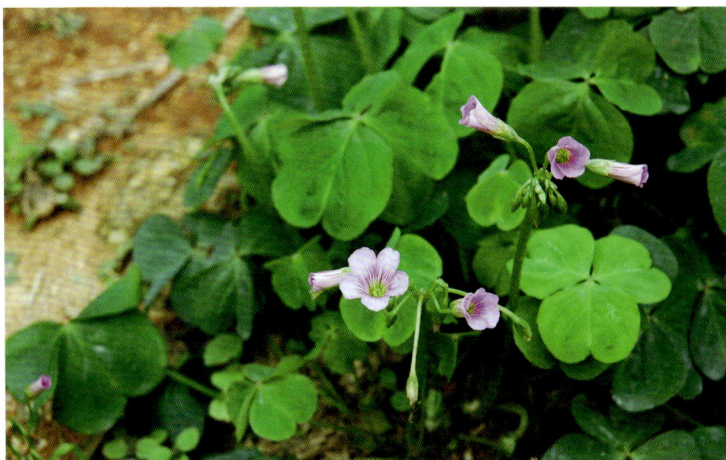

学名 *Oxalis corymbosa* DC.

产地分布：原产于南美洲，中国南方各地均有分布。

形态特征：地下具纺缠形的块状根茎。植株丛生。叶具长柄，基生，三小叶，小叶无柄，倒心形，顶端凹陷，两面均被毛，叶缘有黄色斑点。花淡红或深桃红；花茎自基部抽出。4~7月和9~11月为盛花期。

生长习性：喜光，虽能耐半阴，但花数减少。耐寒，但畏酷暑，夏季高温时处于半休眠状态，生长开花优良。喜湿润环境，对土壤的适应性强。

八宝树
（杜滨木、桑管树）

科属 海桑科八宝树属

学名 *Duabanga grandiflora* (Roxb. ex DC.) Walp.

产地分布：原产于亚洲东部、大洋洲。中国广东、广西、云南等地均有分布。

形态特征：高大乔木。树皮灰褐色，有皱褶的裂纹；板状根发达；枝条下垂，螺旋状或轮生于树干上，幼时钝四棱柱形。叶宽椭圆形，长圆形或卵状长圆形。花白色。蒴果，成熟时开裂。

生长习性：喜光，喜高温多湿气候，耐寒及干旱。

用途 树姿优美，为较好的庭园观赏树种。

莞香
（土沉香、白木香）

科属 瑞香科沉香属

学名 *Aquilaria sinensis* (Loun) Gilg

产地分布：主要分布于中国广东、广西、云南。

形态特征：常绿乔木。树皮暗灰色，平滑，内皮白色，纤维发达，易剥落；小枝红褐色，幼时疏被柔毛。叶革质，椭圆形、卵形或倒卵形。伞形花序顶生或腋生，花芳香，被柔毛。蒴果倒卵圆形，木质，2瓣裂。

生长习性：喜土层厚、腐殖质多的湿润而疏松的砖红壤或山地黄壤，多生于山地雨林或半常绿季雨林中。为弱阳性树种，幼时尚耐荫蔽。

用途

渐危种，国家Ⅱ级重点保护植物。是中国特有而珍贵的药用植物。近年来由于采取沉香供药用，林木损伤极为严重，分布较为集中的林木已被消耗殆尽，现仅有零星散生的残存植株。其树脂可供香料及药用；花芳香，可收取浸膏用于配制香精；种子含油45~57%，可供制肥皂、润滑油等用；树皮纤维柔韧，白细，是制造高级纸张的原料。

了哥王

（地棉皮、山豆了、九信草、南岭荛花）

科属　瑞香科荛花属

学名　*Wikstroemia indica* (L.) C. A. Mey.

产地分布：原产于中国，分布于广西、广东。

形态特征：小灌木，全株光滑。茎红褐色，皮部富纤维。叶对生，纸质，长椭圆形或倒卵形。花黄绿色，数朵排成顶生的短总状花序，花被筒状。浆果卵形，熟时鲜红色。花期5~9月；果期6~12月。

生长习性：喜光，喜温暖湿润气候、较耐干旱。

用途

庭植或盆栽观赏。果枝和去皮漂白枝条供花材。树皮可取韧皮纤维。根主治跌打、花柳病，新近发现尚可治关节炎、结核病、百日咳，叶捣碎敷患处。

锡叶藤
（涩藤、水车藤）

科属　第伦桃科锡叶藤属

用途　根叶可入药。

学名　*Tetracera asiatica* (Lour.) Hoogl.

产地分布：原产于中国，分布广东、广西等地。

形态特征：藤本。叶互生，革质，长圆状倒卵形至长圆状椭圆形，边缘有波状小锯齿或全缘，两面均粗糙。圆锥花序顶生及腋生，花白色，极香。果长圆状卵形，褐黄色而光亮，先端有宿存花柱而呈喙状。

生长习性：喜半阴环境，多生于灌丛或疏林中。

天料木

科属　天料木科天料木属

用途　木材可做工艺品。

学名　*Homalium cochinchinense* (Lour.) Druce

产地分布：原产中国，分布于华中、华东。

形态特征：小乔木或灌木。单叶互生，边缘具有腺体的钝齿，很少全缘。花排成腋生或顶生的总状花序或圆锥花序，很少单生，有时数朵簇生。蒴果革质。

生长习性：喜光喜湿润环境，常见于灌丛中。

学名 *Gymnopetalum chinense* (Lour.) Merr.

金瓜
（越南裸瓣瓜）

科属 葫芦科金瓜属

产地分布：原产于中国，分布于广东、广西、云南。越南、印度、马来西亚也有分布。

形态特征：草质藤本；茎柔弱。卷须分叉或2叉；叶片5角形或3~5中裂，两面粗糙，边缘有小齿。雌雄同株；雄花单生或3~8朵生于总状花序上，苞片菱形，分裂，花托狭筒状，花萼裂片条形，花冠白色；雌花单生，花梗较单生的雄花短，子房长圆形，花柱长，柱头3。果实矩圆状卵形，橙红色；种子长圆形。花期7~9月，果期9~12月。

生长习性：生于灌丛或疏林中。

用途
可食用。

杨桐
（黄瑞木）

科属 山茶科杨桐属

学名 *Adinandra millettii* (Hook. et Arn.) Benth. et. Hook.

用途

木材结构均匀，坚韧。日本人常用杨桐作祭神品，几乎家家户户把杨桐枝条捆扎成束插放在庭堂一方供神，日本人又称之为神木。

产地分布：原产于中国，广泛分布于华东、华南和西南地区。

形态特征：常绿乔木。叶革质，长圆形或长圆状椭圆形。花3~6朵簇生于小枝上部叶腋，稀单生。果球形至长卵形。花期7月；果期11月。

生长习性：喜阴湿环境，常生于青冈、木荷、苦槠等树种构成的天然常绿阔叶林下，呈零星分布，喜阴亦喜阳，在有杨桐分布的地段，一般土层较深厚，土壤腐殖丰富，因此多见于山坡下部或沟谷的冲积土地段。

红花油茶
（广宁油茶）

科属 山茶科山茶属

学名 *Camellia semiserrata* Chi

产地分布：原产于中国云南、广西、广东、福建和海南等地。

形态特征：常绿小乔木。树皮光滑，树姿丰满。叶革质。花冠红色，花蕊金黄。果圆滑如球。

生长习性：喜光，耐半阴环境，适宜酸性土壤，多生于灌丛或疏林中。

用途

是庭院、公园绿化，营造风景观赏林的理想树种；茶油既可供食用，又可入药，有通经、活络、驱风、止痛的特殊功效，属市场极为稀少、珍贵的植物油之一。

学名 *Camellia semiserrata* Chi

米碎花
（岗茶）

科属　山茶科柃木属

用途

四季常青，枝叶浓密，春天开白色小花，星星点点相映翠叶之中，非常美丽。在园林绿化中可作绿篱栽培，亦可植于建筑物周围或草坪、池畔、小径转角处，富有生气。

学名 *Eurya chinensis* R. Brown

产地分布：原产于中国，南方各地均有分布。

形态特征：灌木小枝稍蜿蜒状，有短柔毛。叶革质，倒卵形，先端钝或圆，边缘背卷，有尖锯齿。花小，单生或簇生叶腋，白色或黄绿色。果球形。花期3~4月；果期7~8月。

生长习性：喜温暖、阴湿环境。要求土壤酸性。萌蘖力强，耐修剪整形。

学名 *Eurya chinensis* R. Brown

细齿叶柃
（亮叶柃）

科属 山茶科柃木属

学名 *Eurya nitida* Korthals

产地分布：中国长江以南各地均有分布。

形态特征：灌木或小乔木，全株无毛；嫩枝有棱。叶薄革质，长圆形或倒卵状长圆形，边缘有钝齿。花腋生。果球形。

生长习性：喜光、喜温暖，耐阴蔽，要求土壤酸性。

用途 在园林绿化中可作绿篱栽培。

大头茶
（大山皮、楠木树）

科属 山茶科大头茶属

学名 *Gordonis axillaris* (Roxb.) Dietrich

产地分布：原产于中国，在南方和西南地区如浙江、江西、湖南、福建、广东、广西、台湾、贵州、四川及云南南部均有分布。

形态特征：常绿乔木，枝干分枝多而无一明显主干，多生长成灌木状。树皮光滑，呈深灰色，成块状脱落。叶互生，单叶，呈长圆形；叶端钝或有轻微凹缺，基部渐尖削，边全缘或有轻微锯齿；叶质硬而坚挺；叶面光亮，呈深绿色，光滑无毛。花腋生或顶生，单独或数朵聚生在一起；花两性，整齐排列，于每年10月至翌年2月开花；花白色，大而华丽，由5枚分离、有皱边的花瓣组成，中心处有无数鲜黄色的雄蕊。

生长习性：喜光，喜温暖湿润气候及富含腐殖质的酸性壤土。

用途 木材致密，可作建筑用材；树皮含鞣质，可提制栲胶；种子可榨油。

荷木（荷树）

科属　山茶科木荷属

学名 *Schima superba* Gardn. et Chanmp.

产地分布：原产于东南亚，分布于中国的南部、东南部和中部。

形态特征：常绿乔木。叶革质互生，椭圆形或卵状椭圆形。花两性，白色，单独腋生或顶生成短的总状花序。蒴果木质，扁球形。

生长习性：喜光，幼年稍耐荫蔽，适应亚热带气候。对土壤适应性较强，酸性土如红壤、红黄壤、黄壤均可生长，但以肥厚、湿润、疏松的沙壤土为佳。

用途 木材结构均匀，加工容易，为纺织工业纱锭、纱管及其他镟刨细木工的一等用材；树皮和树叶可提制栲胶；叶片厚革质，可阻隔树冠火，南方林区多用作防火线树种。

西南荷

（峨眉木荷、西南木荷、红毛木树、毛木树）

科属 山茶科木荷属

学名 *Schma wallichii* (DC.) Korthals

产地分布：原产于亚洲热带地区，中国分布于东南部、南部至西南部。

形态特征：常绿乔木。树皮暗灰至褐色，粗糙，纵裂；芽、幼枝、叶均具黄灰色毛；叶革质，椭圆形，全缘，下面有柔毛和白粉。花单生。蒴果球形，果柄较粗短。

生长习性：喜光树种，幼树多生于林缘或林中空地。对土壤要求高，耐贫瘠，但在排水良好的洼地或积水地则生长优良。萌生力极强，耐火及抗烟能力较强。一般10年前的幼树生长缓慢，以后会加快生长，属于速生树种。

用途

木材结构细致，纹理通直，加工容易，因此用于家具和建筑。

学名 *Saurauia tristyla* DC.

产地分布：原产于中国广东、海南、广西、贵州、云南。

形态特征：常绿乔木。小枝被爪甲状鳞片，淡红色。叶互生，倒卵状椭圆形，边缘有刺状锯齿。聚伞花序簇生于叶腋，有绒毛和钻状刺毛，花粉红色或白色。浆果球形，绿色至淡黄色。花期3~7月。

生长习性：喜生长在阴湿、肥沃的环境。常生于林中沟谷的水边。

用途 吸水力强，在干旱季节可调节空气湿度。宜植于溪涧旁或较阴湿处。根、树皮、叶可入药。

水东哥

（白饭果、白饭木、米花树）

科属 水东哥科水东哥属

学名 *Acmena acuminatissima* (Blume) Merr. et L. M. perry

产地分布：原产于中国，分布于华南地区。

形态特征：乔木或灌木；嫩枝圆柱形或有钝棱。叶革质，卵状披针形或狭披针形；聚伞花序排成圆锥花序，顶生，白色。浆果球形。

生长习性：喜光，喜温暖湿润环境。

肖蒲桃
（荔枝田、水碳木）

科属 桃金娘科肖蒲桃属

用途 庭院观赏植物；果可食。

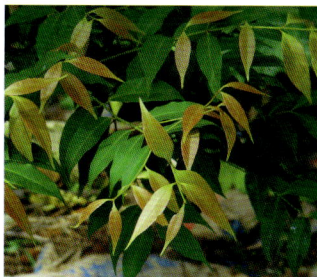

学名 *Acmena acuminatissima* (Blume) Merr. et L. M. perry

岗松
（扫把枝、扫把铁）

科属 桃金娘科岗松属

用途

枝叶可编扫帚，也可提取芳香油及制栲胶；全草入药，能清热解毒、祛湿、止痛。

学名 *Baeckea frutescens* L.

产地分布：原产于中国，分布于广西、广东、福建和江西。

形态特征：灌木，或小乔木。嫩枝纤细，分枝多。叶小，对生，狭带形或线形常对折，先端尖，上面有沟，下面凸起，有透明的油腺点；中脉1条，无侧脉；无叶柄或有短柄。花小，白色，单生于叶腋；苞片早落；花梗极短；花萼筒钟状，萼齿5个，细小，三角形；花瓣圆形，分离，基部狭窄成短柄；雄蕊10枚或稍少，成对与萼齿对生；子房下位，3室，花柱短，宿存。蒴果小；种子扁平，有角。花期夏、秋季。

生长习性：喜阳，喜暖热气候生于山坡酸性红壤，耐旱。

水翁
（水榕）

科属 桃金娘科水翁属

学名 *Cleistocalyx operculata* (Roxb.) Merr. & Perry

产地分布：原产于中国广东中部以南及海南各地。

形态特征：乔木。叶长圆形至椭圆形。圆锥花序生于无叶的老枝上，夏季开花，花白色。秋季结果，浆果阔卵形，成熟时紫黑色。

生长习性：喜光，适宜于高温多湿气候，喜生于水边，抗风、抗大气污染。

用途

干燥幼嫩上的花蕾俗称水翁仔、水雍花、水榕花，端午节前后摘取带幼嫩花蕾的花序作为茶饮料。能清热解暑、去湿消滞，用于夏天感暑、口渴、脘胀，生津止渴、胸脘胀满、热、咽干、口渴所致的发热或呕吐泄泻。

桃金娘

（山稔、岗稔、稔子）

科属 桃金娘科桃金娘属

学名 *Rhodomyrtus tomentosa* (Ait.) Hassk

产地分布：原产于热带地区，广泛分布于中国华南地区。

形态特征：小灌木。叶对生，革质，下面披短柔毛，有离基三出脉。聚伞花序腋生，有花1~3朵，花紫红色。浆果卵状壶形，熟时紫黑色。

生长习性：强阳性植物，性喜燥热，常与杂草丛生。为酸性土壤指示植物。

用途

果可食用；全株供药用，有活血通络、收敛止泻、补虚止血的功效。

科属 桃金娘科蒲桃属

赤楠蒲桃
（荷树）

用途 可作庭院绿化树种。

学名 *Syzygium buxifolium* Hook. et Arn.

产地分布：原产于中国，分布在华南、西南等地。

形态特征：灌木或小乔木。嫩枝有棱；叶片椭圆形，有腺点。聚伞花序顶生。果实球形。花期 6~8 月。

生长习性：喜光，较耐阴，喜温暖湿润环境。

海南蒲桃
（黑墨树、十年果、子栋树、乌木、乌口树）

科属 桃金娘科蒲桃属

用途

树干通直，枝叶繁茂，树枝优美，春至夏季为花果期，盛花季节，白花满树，洁净素雅，为优良的庭园绿荫树和行道树种，也可作营造混交林树种；木材淡褐色，有光泽，纹理交错，结构细致，耐腐，为优良的胶合板面板用材。

学名 *Syzygium cumini* (L.) Skeels

产地分布：原产于中国，广布于广东西南部、海南、广西南部。

形态特征：**乔木。** 树皮淡棕色，粗糙。单叶对生，叶片长椭圆形，革质，先端钝或突渐尖，基部宽楔彬，全缘或稍有波状弯曲。聚伞状圆锥花序侧生或顶生，花多数，花冠白色，芳香。浆果卵状球形，熟时暗红紫色。

生长习性：喜光、喜水、喜深厚肥沃土壤，干湿季生长明显，适应性强，对土壤要求严，无论酸性土或石灰岩土都能生长。根系发达，主根深，抗风力强，耐火，萌芽力强，速生。

红鳞蒲桃
（红鳞树、磨堆树、红车）

科属 桃金娘科蒲桃属

学名 *Syzygium hancei* Merr. et Perry

产地分布：原产于中国，分布于广东、广西。

形态特征：灌木或乔木。叶对生，革质，顶端渐尖或微钝，无毛，侧脉上明显，在近叶缘处汇合成一边脉。聚伞花序腋生和顶生，花白色。浆果。

生长习性：性喜暖热气候，属于热带树种。喜生于水边。喜深厚肥沃土壤，但亦能生长于沙地。

用途

适宜作庭园绿化、绿荫观花树，也可作行道树。树皮含鞣质，可制栲胶。

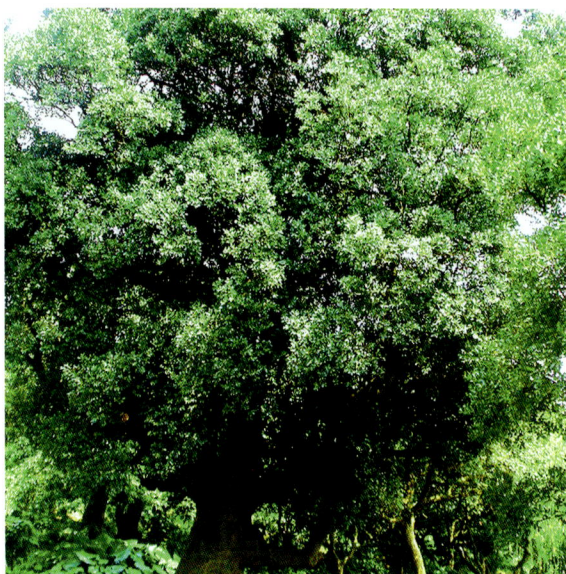

蒲桃
（香果、响鼓）

科属 桃金娘科蒲桃属

用途 树冠丰满浓郁，花叶果均富有观赏性，可作庭荫树和固堤、防风树用。木材也是一等的家具用材。

学名 *Syzygium jambos* (L.) Alston

产地分布： 原产于中国、印度及马来西亚，主要分布于台湾、海南、广东、广西、福建、云南、贵州等地。

形态特征： 常绿小乔木或乔木。主干短，分枝较多，树皮褐色且光滑，小枝圆形。叶多而长，披针形。聚伞花序顶生，小花为完全花。核果状浆果，成熟果实水分较少，有特殊的玫瑰香味，故称之为"香果"。一般盛花期3~4月；果实于5~7月成熟。

生长习性： 性喜暖热气候属于热带树种。喜深厚肥沃土壤，也能生长于沙地，喜生于水边。

学名 *Syzygium jambos* (L.) Alston

学名 *Syzygium odoratum* (Lour.) DC.

香蒲桃
（白兰、白赤榄）

科属 桃金娘科蒲桃属

用途 花、果、叶及枝可提制挥发性精油，作医药、食品、化妆品及工业的原料和香精。

产地分布：原产于中国广东及海南，分布于广西、越南。

形态特征：灌木至小乔木，高达10m。嫩枝纤细，圆柱形或略压扁，干后灰褐色。叶革质，卵状披针形或卵状长圆形，正面干后榄绿色，有光泽，多下陷腺点，背面同色，侧脉多而密，在下面稍突起，以45°开角斜向上，在靠近边缘1mm处结合成边脉。圆锥花序顶生及腋生；花蕾倒卵圆形，长约4mm；有时无花梗；萼管倒圆锥形，有白粉，干时皱缩，萼齿4~5枚，短而圆；花瓣连合成帽状；花柱与雄蕊等长。果球形，略有白粉。花期5~6月。

生长习性：常见于平地疏林或低山常绿林中。

地稔
（铺地锦）

科属　野牡丹科野牡丹属

用途

集观叶、观花、观果于一体的优良景观绿化植物；果含鞣质，亦可食；根及全株入药，有解毒消肿、祛瘀利湿之效。

学名 *Melastoma dodecandrum* Lour.

产地分布：原产于中国，分布于台湾、福建、广东、江西、湖南、四川。

形态特征：披散或匍匐状半灌木。茎分枝，下部伏地。叶对生，卵形或椭圆形。花两性，淡紫色。果实稍肉质，上开裂。

生长习性：性喜温暖、阴湿，常生于溪边、林下或石隙阴处。

毛稔
（红爆牙狼、豺狗舌）

科属 野牡丹科野牡丹属

学名 *Melastoma sanguineum* Sims

产地分布：原产并分布于中国南部、印度、马来西亚等地。

形态特征：直立灌木。茎和枝均有散生、广展的长粗毛。叶卵状披针形至披针形。花极大，紫红色。果杯形，顶部比基部宽，具红色长而硬的粗毛。

生长习性：喜光，喜温暖潮湿环境，常见于荒野、草地、溪边或灌木丛中。

用途
形态优美，具较高的观赏价值。树皮含单宁；木材纹理较细致，可作玩具用材；成熟的果可食。

野牡丹
（猪姆草、山石榴）

科属 野牡丹科野牡丹属

用途 美丽的观花植物。可孤植丛或栽布置园林。

学名 *Melastoma candidum* D. Don

产地分布：原产于越南和中国南部。

形态特征：灌木。茎上有紧贴的鳞片状粗毛。叶阔卵形，表面有紧贴的粗毛，背面柔毛较长而密。花大，紫红色，一般3朵聚生枝顶。果实球形。花期5~10月；果期10月以后。

生长习性：喜酸性土壤，为酸性指示植物。耐瘠薄。

谷木
（角木、子楝树）

科属 野牡丹科谷木属

学名 *Memecylon ligustrifolium* Champ.ex Benth

产地分布：原产于中国。分布于华南地区及云南、福建。

形态特征：大灌木或小乔木，高1.5~7m。小枝圆柱形或明显的四棱形，分枝多。叶片革质，椭圆形至卵形或卵状披针形，全缘，两面无毛，粗糙，叶面中脉下凹，背面中脉隆起。聚伞花序腋生或生于落叶的叶腋；苞片卵形，基部及节上具髯毛；花萼半球形，无毛，边缘浅波状4裂；花瓣白色或黄绿色，圆形，顶端圆形；雄蕊等长，蓝色，药室及膨大的圆锥形。浆果状核果球形，密布小瘤状突起。花期5~8月；果期12月至翌年2月。

生长习性：生于低海拔或丘陵地区灌木林中。

用途 枝叶药用，有活血止痛作用，治腰背疼痛，跌打肿痛。

棱果谷木

科属 野牡丹科谷木属

学名 *Memecylon octocostatum* Merr.et Chun

产地分布：原产于中国，分布于华南地区。

形态特征：灌木，高13m。分枝多，树皮灰褐色；小枝四棱形，棱上略具狭翅，以后渐钝。叶片坚纸质或近革质，椭圆形或广椭圆形，全缘，两面无毛，干时叶面黑褐绿色，略具光泽，中脉下凹，背面浅褐色。聚伞花序，腋生，极短；花萼钟状杯形，四棱形，无毛，裂片三角形或卵状三角形；花瓣淡紫色，卵形，顶端渐尖，近基部具规则的小齿。果扁球形，有明显隆起的纵肋。花期5~6月或11月；果期11月至翌年1月。

生长习性：常见于山谷、山坡疏、密林中荫处。

用途 可作庭园观赏。

竹节树

（和顺木、鹅顺木）

科属 红树科竹节树属

用途

宜作为庭院绿化树种。

学名 *Carallia brachiata* (Lour.) Merr.

产地分布：原产于中国，分布于广东、广西。

形态特征：常绿灌木或乔木。叶薄革质，倒卵形、椭圆形或长圆形，全缘，背面有散生、明显的紫红色小点。花白色。果近球形。

生长习性：喜半阴，喜温暖湿润环境，常生于酸性土壤。

黄牛木

（雀笼木、黄芽木）

科属 金丝桃科黄牛木属

学名 *Cratoxylum cochinchinense* (Lour.) Bl.

产地分布：分布于中国南部。

形态特征：灌木或小乔木。树皮淡黄色，光滑；小枝压扁。叶纸质，椭圆形至长圆形。聚花序腋生或稀腋上生，花粉红色。蒴果，种子一边有翅。

生长习性：喜光湿润环境，耐半阴，宜于疏松酸性壤质土。

用途

材质坚硬，纹理精致，除为薪炭材外还可供雕刻细工用，广东精美的鸟笼即由本种的木材制成，故又有「雀笼木」之称。

薄叶红厚壳
（横经席）

科属 藤黄科红厚壳属

用途 根、叶可作药用，治跌打损伤、风湿骨痛。

学名 *Calophyllum membranaceum* Gardn.et Champ.

产地分布：分布于中国华南地区。越南也分布。

形态特征：灌木或小乔木，高1~5m。小枝四棱形，常具狭翅，无毛。叶薄革质，长圆形、椭圆形或披针形，顶端渐尖，基部楔形，边全缘；侧脉多数，纤细，密而直达边缘，在两面均凸起。花两性，白色略带微红，常3~9朵组成的聚伞花序；花序生于上部叶腋；花萼4枚，外面2枚较小，近圆形，里面2枚较大，花瓣状；花瓣通常4枚，倒卵形；雄蕊多数；子房卵形。核果椭圆形，稀卵形，成熟时黄色。花期3~5月；果期8~12月。

生长习性：多生于山地的疏林或密林中。

学名 *Calophyllum membranaceum* Gardn.et Champ.

科属 椴树科布渣叶属

布渣叶

（破木叶、烂布渣）

用途 宜作庭园绿化树种。叶药用，可清热解毒。

学名 *Microcos paniculata* L.

产地分布：原产于中国，分布于云南（南部）、广西、广东、福建、台湾。

形态特征：乔木。小枝有短毛。叶宽椭圆形、圆卵形或倒卵形，边缘全缘或稀波状，有时有波状细齿。两性花和雄花异株；花冠白色；雄花似两性花，花丝较长，退化雌蕊球形。核果近球形，黄色或带红色。

生长习性：性喜高温，适应性强，生长迅速。对土壤要求不高但需排水良好。

学名 *Elaeocarpus hainanensis* Oliver

产地分布：原产于中国，海南、广东均有分布。

形态特征：小乔木。嫩枝及芽有微毛。叶聚生枝的顶端，边缘有小锯齿。总状花序，花序长而下垂；苞片大。花白色，花瓣顶端细裂；花序长而下垂。

生长习性：喜光，宜土层深厚、适当湿润的土壤。

用途 树形婀娜动人，是优良的观赏树种。

水石榕
（水柳树、海南杜英）

科属 杜英科杜英属

学名 *Elaeocarpus hainanensis* Oliver

山杜英

（胆八树、羊屎树）

科属 杜英科杜英属

用途

四季苍翠，枝叶茂密，树冠圆整，霜后部分叶变红色，红绿相间，颇为美丽，宜于草坪、坡地、林缘、庭前、路口丛植，也可栽作其他花木的背景树，或列植成绿墙起隐蔽遮挡及隔声作用。因对二氧化硫抗性强，可选作工矿区绿化和防护林带树种。

学名 *Elaeocarpus sylvestris* (Lour.) Poir.

产地分布：原产于中国南部。

形态特征：常绿乔木。树皮深褐色，平滑；小枝红褐色；叶革质，倒卵状至倒卵状披针形，叶缘中部以上有明显的钝锯齿；6~7月开花，总状花序腋生；10月果熟，核果，椭圆形。

生长习性：喜温暖潮湿环境，耐寒性稍差。稀耐阴，根系发达，萌芽力强，耐修剪，生长速度中等偏快。喜排水良好、湿润、肥沃的酸性土壤，适生于酸性之黄壤和红黄壤山区，若在平原栽植，必须排水良好。对二氧化硫抗性强。

猴欢喜

科属 杜英科猴欢喜属

学名 *Sloanea sinensis* (Hance) Hemsl.

产地分布：原产于中国，分布于广东、广西、贵州、湖南、江西、福建。

形态特征：乔木。枝开展，小枝褐色。叶聚生小枝上部，全缘或中部以上有小齿，狭倒卵形或椭圆状倒卵形。花单生或数朵生于小枝顶端或叶腋，绿白色，下垂。蒴果木质，外被细长刺毛，卵形，熟时红色。

生长习性：偏阳性树种，喜温暖湿润气候，在深厚、肥沃排水良好的酸性或偏酸性土壤生长良好。

用途

本种树冠浓绿，果实色艳形美，宜作庭园观赏树。

刺果藤
（大胶藤、牛蹄麻、鸡冠麻）

科属 梧桐科刺果藤属

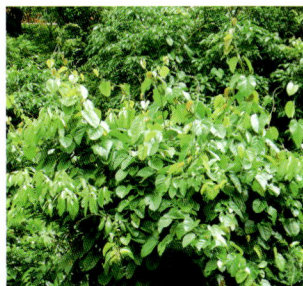

学名 *Byttneria aspera* Colobr.

产地分布：原产于中国，分布于华南地区。

形态特征：木质大藤本。叶广卵形、心形或近圆形，叶背密被白色星状短柔毛。花小，淡黄白色，内面略带紫红色。蒴果圆球形或卵状圆球形，具短而粗的刺。

生长习性：喜半阴潮湿环境，多见于山野灌丛中。

两广梭罗

科属 梧桐科梭罗树属

学名 *Reevesia thyrsoidea* Lindl.

产地分布：分布于中国广东、澳门、广西、云南。越南、柬埔寨也有分布。

形态特征：常绿乔木。树皮灰褐色；幼枝疏被星状短柔毛。叶革质，长圆形、椭圆形或卵状椭圆形，顶端急尖或渐尖，基部圆形或钝，两面均无毛；叶柄两端膨大。聚伞状伞房花序顶生，被毛，花密集；花萼钟状，5 裂，外面被星状短柔毛，内面只在裂片的上端被毛；花瓣 5 片，白色；子房圆球形，5 室，被毛。蒴果矩圆状梨形，有 5 棱，被短柔毛；种子连翅。花期 3~4 月。

生长习性：生于山谷溪边或山坡密林中。

用途

枝叶茂密，春夏间盛开，芳香，可作为园景树或行道树。

假苹婆

（鸡冠木、赛苹婆、七姐果）

科属 梧桐科苹婆属

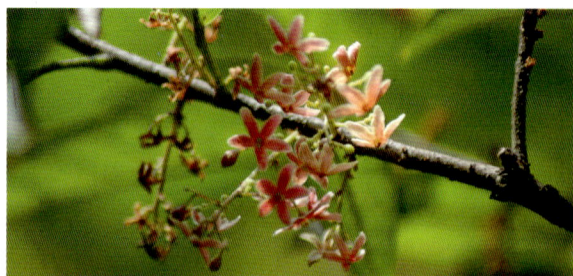

学名 Sterculia lanceolata *Cav.*

产地分布：原产于中国，分布于广东、广西、云南、贵州、四川。

形态特征：乔木。小枝幼时被毛；叶椭圆形、披针形或椭圆状披针形；圆锥花序腋生，密集且多分枝，花淡红色，向外开展如星状，顶端钝或略有小短尖突，花期 4~5 月。果鲜红色，长卵形或长椭圆形。

生长习性：喜光，稍耐阴蔽，喜生于湿润的环境，多见于山谷溪旁。

用途

树干通直，树冠球形，翠绿浓密，果实艳丽，属十分优良的观赏植物，宜用作庭院树、行道树及风景绿化树种。假苹婆在『七姐诞』前后的时间结果，所以俗称『七姐果』。假苹婆的果实是树林内鸟类常吃的食物。

苹婆
（富贵子、凤眼果）

科属 梧桐科苹婆属

用途

树姿清雅，多用作行道树或庭院林荫树栽培；种子营养丰富，是补充体力的最佳果品。此外，果荚还有治血病的特殊效果。

学名 *Sterculia nobilis* Smith

产地分布：原产于中国及印度、越南、印度尼西亚，分布于中国南方各地。

形态特征：乔木。单叶互生，长椭圆形，背面有特细绒毛。圆锥花序自上一年生枝先端叶腋抽生，3~5月开花，小花形似顶小皇冠，成穗而蓬松，粉红色，极为别致。果实约在7月间成熟，未熟果表皮青绿色，成熟时逐渐转为朱红色，被短茸毛，内藏种子；种子呈圆锥形，深褐至黑色，具光泽，带黏性，形似黑壳的鸡蛋。苹婆因果实扁平如豆荚，皮红子黑，斜裂形如凤眼，故又称"凤眼果"。

生长习性：喜光，对土壤要求不严，在瘠薄及沙砾土中均能生长良好。

木棉
（红棉、英雄树、攀枝花）

科属 木棉科木棉属

学名 *Bombax ceiba* L.

产地分布：原产于印度，分布于中国云南、贵州、广西及广东南部。

形态特征：落叶大乔木。干上有扁圆形皮刺，掌状叶，互生。早春先叶开花，花单生，红或橙红色。果实为蒴果，成熟后会自动裂开。

生长习性：喜光，喜干热，耐高温。生长快，萌芽力强。

用途

美丽的观赏树木，其木材松软，可做建筑、航空和造纸材。花具清热祛湿之功效。

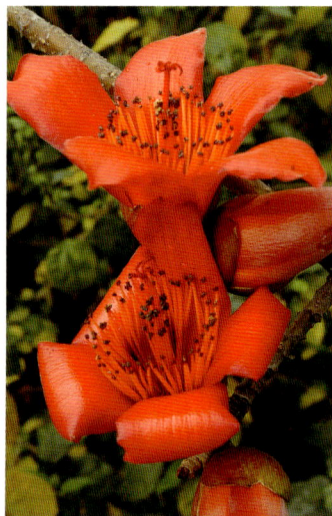

地桃花

（天下捶、八卦拦路虎、小朝阳、假桃花）

科属 锦葵科梵天花属

学名 *Urena lobata* L.

产地分布：原产于热带地区，分布于中国广东、广西、福建、云南、四川、贵州。

形态特征：亚灌木状直立草本。小枝被星状绒毛。下部叶近圆形，先端通常浅3裂，基部圆形至心形，边缘具锯齿；中部叶卵形；上部叶长圆形至披针形；叶上面被柔毛，下面被灰白色星状绒毛。花单生叶腋或稍丛生，淡红色；花瓣5，倒卵形。果扁球形；种子肾形。花期5~12月，果期6月至翌年1月。

生长习性：喜光，喜温暖多湿气候，较耐干旱，对土壤要求不严。

梵天花

（三角枫、三合枫、犬跤迹、狗脚迹）

科属 锦葵科梵天花属

用途 全草可入药，能祛风解毒。

学名 *Urena procumbens* L.

产地分布：原产于中国，分布浙江、福建、台湾、广东、广西、湖南等地。

形态特征：半灌木。叶互生，通常掌状3~5深裂，裂口深达中部以下，裂片倒卵形或菱形，顶端1枚裂片于基部收缩变窄，边缘有小锯齿。花腋生、单生或稍丛生，粉红色。蒴果扁球形。

生长习性：喜温暖半阴环境，常生于溪边、林下或石隙阴处。

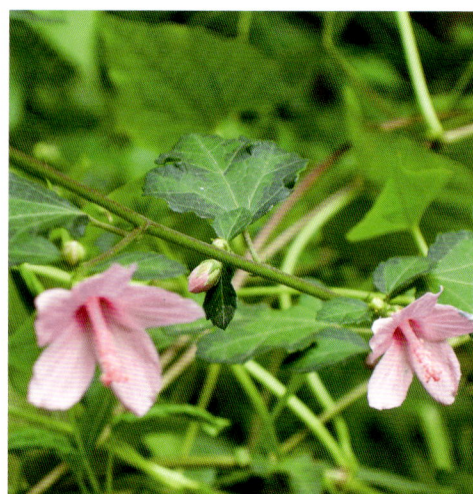

红背山麻杆

（红帽顶树）

科属 大戟科山麻杆属

用途 茎皮纤维可作人造棉原料。

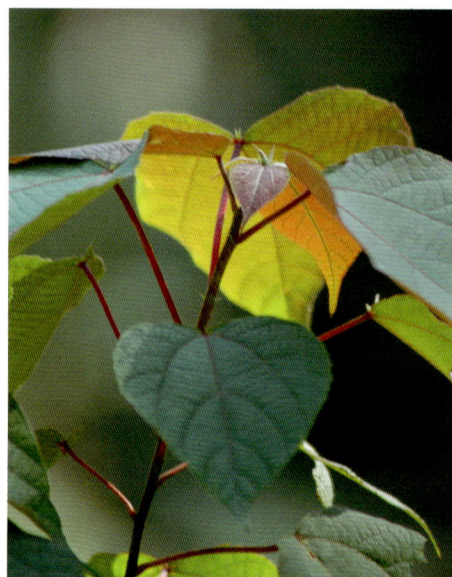

学名 *Alchornea trewioides* (Benth.) Mull. Arg.

产地分布：原产于中国，分布于中部和东南、华南。

形态特征：灌木或小乔木。幼枝被短柔毛。叶互生，卵状圆形或阔三角状卵形或阔心形，在叶柄相连处有红色腺体和2枚线状附属体，上面近无毛，下面沿叶脉被疏柔毛，边缘有规则的细锯齿。雄花序腋生，总状，苞片腋内有花4~8朵聚生；雌花序顶生，花密集。蒴果被灰白色毛。

生长习性：喜光，喜温暖湿润环境。

学名 *Aleurites moluccana* (L.) Willd.

产地分布：原产于马来西亚及夏威夷群岛。分布于中国广东、海南、广西、云南等地。

形态特征：常绿大乔木。叶卵形至心形，有时掌状 3 裂，叶背灰白色，被星状毛。圆锥花序生枝顶，或近顶叶腋。花后结核果，圆球形，具木质种皮，坚硬如石。

生长习性：喜光，喜温热气候及排水良好的沙壤土，深根性，速生，抗风，耐旱。

石栗
（烛果树、油桃）

科属 大戟科石栗属

用途

树冠宽广，生长迅速，但抗风力弱，枝条易被风折。华南地区多作庭园树栽植；也可用作行道树。种子可榨油供工业用。

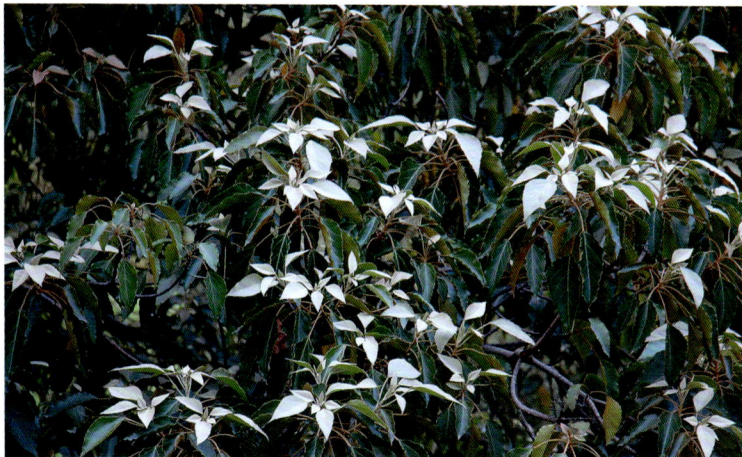

学名 *Antidesma bunius* (L.) Spreng.

产地分布：原产于印度，马来西亚及中国南部。

形态特征：中等大乔木。叶革质，长圆形，基部通常浑圆；穗状花序腋生或顶生，花冠绿色，花期 5 月。果卵形，肉质，红色，可食。

生长习性：阳性树种，耐荫蔽，喜暖热湿润气候，喜土层深厚肥沃，在瘠薄地生长优良。

五月茶
（污槽树、五味子）

科属 大戟科五月茶属

用途

果实微酸，可食，可制果酱。木材淡褐色，心材暗色，柔软，可作箱材。

银柴

（大沙叶、甜糖木、后波稳）

科属 大戟科银柴属

学名 *Aporosa dioica* Mull. Arg.

产地分布：分布于中国广东、广西、云南。

形态特征：乔木或灌木。树皮灰褐色，小枝被稀疏的长硬毛，或后来脱落；叶长圆形或至矩圆状倒卵形。花单性，雌雄异株，无花瓣；雄穗状花序多数簇生于叶腋，雌穗状花序短。蒴果椭圆状。

生长习性：喜深厚湿润土壤及半阴环境，多见于疏林密林下。

用途 宜作庭院绿化树种。

秋枫

（常绿重阳木）

科属 大戟科重阳木属

用途

宜栽作庭荫树、行道树及堤岸树。材质优良，坚硬耐用，深红褐色，供建桥梁及车辆、造船等用。

学名 *Bischofia javanica* Bl.

产地分布：原产于中国南部。

形态特征：常绿或半常绿乔木。树皮褐红色，光滑。三出复叶互生，小叶卵形或长椭圆形，基部楔形，缘具粗钝锯齿；圆锥花序下垂。花期3~4月。果球形，熟时蓝黑色；果期8~10月。

生长习性：喜光，耐水湿，耐寒，生长快。

科属 大戟科黑面神属

黑面神

（钟馗草、狗脚刺、鬼画符）

用途

叶生时暗绿色，干后变成黑色，故有黑面神之称。味甘性寒，散疮消毒，叶外敷治湿疹、皮炎，根入药，治肠炎、胃炎、咽喉炎等。

学名 *Breynia fruticosa* (L.) Hook.f.

产地分布：原产于马来西亚至中国南部。

形态特征：灌木。叶卵形至卵状披针形；正面深绿色，秃净，背面粉绿。花生于每叶腋内，雄花生于下部花束上，雌花生于全部花束上；花期4~9月。核果。

生长习性：喜光，耐半阴，适应性强。

蝴蝶果

科属 大戟科蝴蝶果属

学名 *Cleidiocarpon cavaleriei* (Levl.) Airy Shaw

产地分布：原产于中国、越南、缅甸。中国广东、贵州、云南、广西等地有分布。

形态特征：常绿乔木。幼枝、花枝、果枝均有星状毛。叶集生小枝顶端，椭圆形或长椭圆状椭圆形，全缘。圆锥花序，顶生、花单性同序；雄花较小，在上部；雌花较大，在下部。果实核果状，单球形或球形。

生长习性：喜光树种。宜在高温多雨的气候条件生长。对土壤的适应性较强，酸性土或钙质土壤均能生长。

用途 国家Ⅱ级保护植物；树形美观，枝叶浓绿，是城镇绿化的好树种。

黄桐
（黄虫树）

科属 大戟科黄桐属

学名 *Endospermum chinese* Benth.

产地分布：原产于中国福建（南部）、广东、海南、广西、和云南（南部）。

形态特征：乔木。叶互生，具长柄，阔卵形，基部有隆起的腺体2枚，脉腋内也常有少数较小的腺体。花单性异株，无花瓣；雄花簇生成圆锥花序；雌花排成总状花序。果稍肉质，近球形。

生长习性：阳性树种，耐荫蔽，喜暖热湿润气候，喜土层深厚肥沃，在瘠薄地生长优良。

用途 树干通直，冠形优美，是优良的野生观赏树种，宜引种用作庭园树。

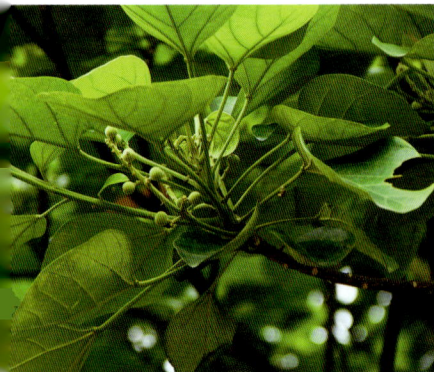

学名 *Glochidion eriocarpum* Champ. Ex Benth

产地分布：原产于中国江苏、福建、台湾、湖南、广东、广西、海南、贵州和云南等地。

形态特征：灌木。叶片纸质，卵形、狭卵形或宽卵形，两面均被长柔毛。花单生或2~4朵簇生于叶腋内。蒴果扁球状，具长柔毛。花、果期全年。

生长习性：喜光，耐半阴，宜土层深厚、适当湿润的土壤。

科属 大戟科算盘子属

毛果算盘子
（漆大姑）

用途 根、叶入药，能收敛止泻、祛湿止痒，解漆毒。

泡果算盘子
（艾胶算盘子）

科属 大戟科算盘子属

学名 *Glochidion lanceolarium*(Roxb.) Voigt.

产地分布：原产于中国福建、广东、广西、海南和云南等地。

形态特征：常绿灌木或乔木，全株无毛。叶片革质，椭圆形、长圆形或长圆状披针形。花簇生于叶腋。蒴果近球状，顶端常凹陷。花期4~9月；果期7月至翌年2月。

生长习性：喜光，宜土层深厚，适当湿润的土壤。

用途
树皮可提取栲胶；茎、叶治跌打，牙龈炎、口腔炎，根治黄疸。

算盘子
（算盘珠、野南瓜、果盒仔、金骨风）

科属 大戟科算盘子属

学名 *Glochidion puberum* (L.) Hutch.

产地分布：原产于中国，分布于中国中部，南至广东、云南等地。

形态特征：直立灌木。叶纸质或近革质，长圆形或长卵形，网脉明显。花雌雄异株，簇生叶腋内。蒴果扁球状，成熟时带红色。

生长习性：喜阳、喜温暖环境，生于路旁、荒地灌丛中。

用途
以根和叶入药，能消肿解毒，治痢止泻；全株水煮出液可杀菜虫。

白背算盘子

科属　大戟科算盘子属

学名 *Glochidion wrightii* Benth.

产地分布：原产于中国，分布于广西、广东。

形态特征：灌木或乔木。叶长圆形或矩圆状披针形，基部锐尖，偏斜，背面粉绿色，干后带灰白色，两面无毛。花几朵成簇腋生，全为雌花，或雌花及雄花同生于叶腋内。蒴果三角状扁球形。

生长习性：喜光，耐半阴，宜土层深厚、适当湿润的土壤。

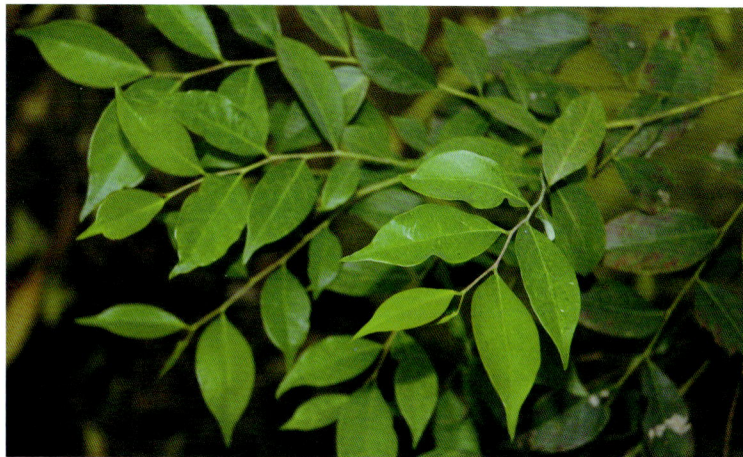

香港算盘子

科属　大戟科算盘子属

学名 *Glochidion zeylanicum* (Gaertn.) A.Juss.

产地分布：原产于中国，分布于广东、广西、福建。

形态特征：灌木或小乔木。叶革质，长圆形、卵状长圆形或卵形，两侧稍偏斜。花簇生呈花束或聚伞花序。蒴果扁球状。

生长习性：喜光喜湿润环境，常见于灌丛中。

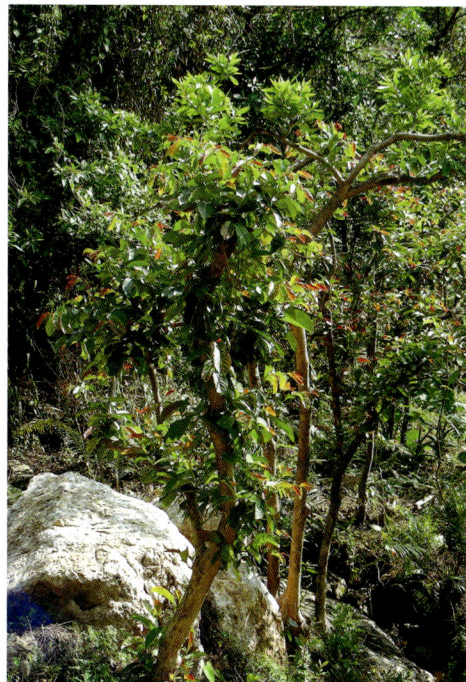

99

中平树
（美幢胆、嘎炉依）

科属 大戟科血桐属

学名 *Macaranga denticulata* (Bl.) Muell. Arg.

产地分布：原产于中国海南、广西南部至西北部、贵州（册亨）、云南东南部至西双版纳、西藏（墨脱）。

形态特征：乔木，高 3~10m。嫩枝、叶、花序和花均被锈色或黄褐色绒毛；小枝粗壮，具纵棱，绒毛呈粉状脱落。叶纸质或近革质，三角状卵形或卵圆形，具颗粒状腺体，叶缘微波状或近全缘，具疏生腺齿；掌状脉；叶柄被毛或无毛；托叶披针形，被绒毛，早落。雌、雄花序均为圆锥状。蒴果双球形，具颗粒状腺体；宿萼 3~4 裂。花期 4~6 月；果期 5~8 月。

生长习性：生于海拔 50~1300m（西藏）低山次生林或山地常绿阔叶林中。

用途 树皮纤维可编绳。

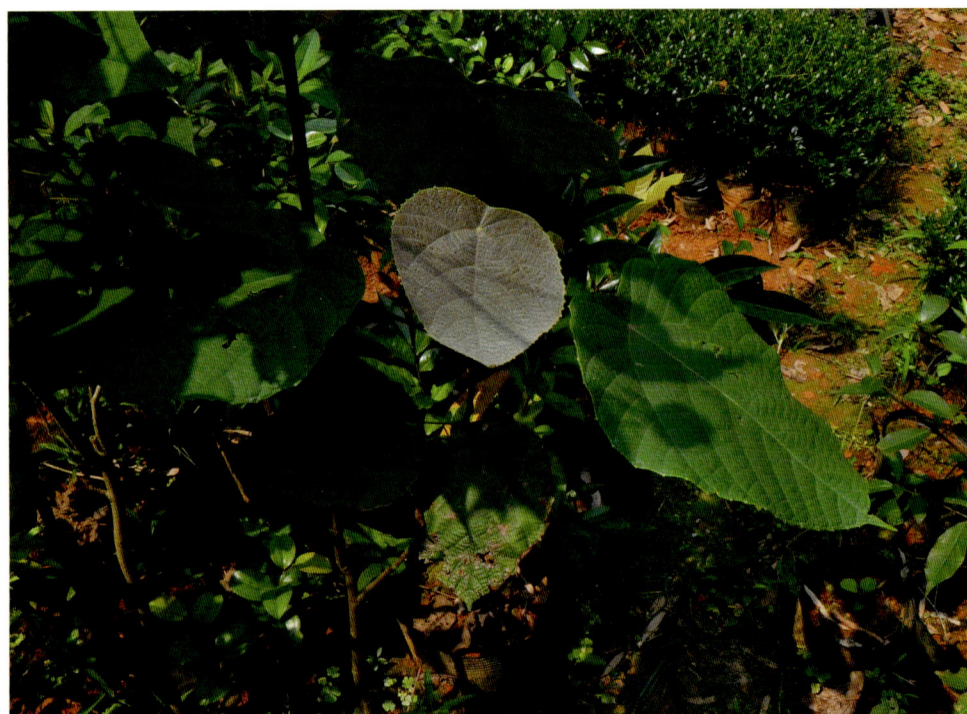

越南叶下珠
（乌蝇翼）

科属　大戟科叶下珠属

用途

用途
植物。
宜作景观搭配

学名 *Phyllanthus cochinchinensis* Spreng.

产地分布：原产于中国广东珠三角及粤西、广西南部、香港。

形态特征：小灌木。叶小，近革质，倒卵形或长圆形。花单性异株，花期4月。蒴果扁球形。

生长习性：喜半阴湿润环境，宜于疏松酸性壤质土，多见于林下。

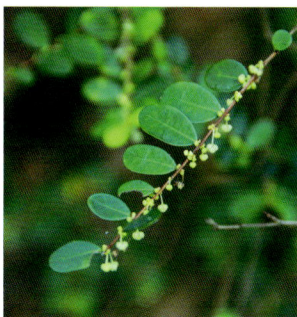

余甘子
（油甘子、牛甘子、杨柑）

科属　大戟科叶下珠属

学名 *Phyllanthus emblica* L.

产地分布：原产于印度、马来西亚及中国南部。

形态特征：落叶小乔木或灌木。叶互生，条状长圆形。花单性，雌雄同株，无花瓣，3~6朵簇生于叶腋，具多数雄花和一朵雌花。蒴果外果皮肉质球形，无毛，干后开裂。

生长习性：喜光，耐旱耐瘠，适应性强，在砂质壤土、土层浅薄瘦瘠的山顶或山腰均能正常生长，但以土层深厚的酸性赤红壤生长较好。

用途
健植物之一。
推广种植的保
定为在全世界
国卫生组织指
单，也被联合
是药品的名
：被药品的名
既是食品又
被卫生部列入
实营养成分高，
两用水果，果
作为一种药食

山乌桕
（红叶乌桕、山柳乌桕）

科属　大戟科乌桕属

学名 *Sapium discolor* (Champ.ex Benth.) Mull. Arg.

用途

因其叶片长时间呈现红色，可营造美丽的植物景观，符合现代人的审美情趣，因此在城市园林绿化中有着广阔的前景。山乌桕的花富含糖分，能招蜂引蝶，种子为鸟类所喜食。宜用于行道树、工业原料林、退耕还林树种等。

产地分布：原产于中国，分布于广东、广西、云南等地。

形态特征：灌木。叶椭圆状卵形，纸质，全缘，顶端有腺体2。穗状花序顶生。蒴果球形，黑色。

生长习性：喜深厚湿润土壤，较耐旱，病虫少，适应性强。

乌桕
（蜡子树、木油树）

科属　大戟科乌桕属

学名 *Sapium sebiferum* (L.) Roxb.

产地分布：原产于中国，分布于秦岭、淮河流域以南地区。

形态特征：落叶乔木，树冠近球形。叶菱状卵形，全缘；叶柄顶端有2腺体。花序顶生，花黄绿色。果扁球形，黑褐色，熟时开裂。花期5~7月；果熟期10~11月。

生长习性：喜光，耐寒性强，对土壤适应性较强，以在深厚湿润肥沃的冲积土生长最好。土壤水分条件好生长旺盛；能耐短期积水，亦耐旱。

用途

长江流域主要的秋景树种，宜庭园、公园、绿地孤植、丛植或群植于池畔、溪流旁、建筑周围作庭荫树。与各种常绿树或秋景树种混植风景林点缀秋景。

千年桐
（木油桐、皱桐、广东油桐）

科属 大戟科油桐属

学名 *Vernicia montana* Lour.

产地分布：原产于中国长江流域以南地区。

形态特征：落叶性乔木。树型修长，树冠成水平展开，树皮平滑，灰色。叶互生，叶柄基部有腺体。花白色稍带点红色；雌雄同株异花。果实内有种子3～5颗。

生长习性：阳性植物，需强光，幼树耐阴；生长速度快。耐热、耐寒、耐旱、耐瘠，需修剪、萌芽强、成树难移植。

用途

树姿优美，开花雪白壮观，属优良的园景树、行道树、遮阴树、林浴树。庭园、校园、公园、游乐区、庙宇等可单植、列植、群植利用。开花能诱蝶。

牛耳枫
（老虎耳、南岭虎皮楠）

科属 交让木科交让木属

用途

心边材，有弹性，富树脂，耐腐力弱。供建筑、枕木、矿柱、家具及木纤维工业（人造丝浆及造纸）作原料。树干可割取松脂，为医药、化工原料。根部树脂含量丰富；树干及根部可培养茯苓、蕈类，供中药及食用；树皮可提取栲胶。此外，还是荒山造林的先锋树种。

学名 *Daphniphyllum calycinum* Benth.

产地分布：原产于中国，分布江西、广东、广西等地。

形态特征：常绿灌木或小乔木。单叶近轮生，革质，长圆状椭圆形或长圆状倒卵圆形。花单性，雌雄异株，无花瓣，总状花序腋生。核果卵状，具突起，基部有萼宿存。

生长习性：适宜温暖湿润气候，喜阴凉环境，忌强光直射和高温干燥。喜腐殖质层深厚、疏松肥沃、微酸性的沙壤土，忌贫瘠、板结、易积水的黏重土壤。

鼠刺

科属 鼠刺科鼠刺属

学名 *Tea chinensis* Hook. et Arn.

产地分布：分布于中国广东、福建、湖南、广西、云南西北部及西藏东南部。印度东部、不丹、越南和老挝也有分布。

形态特征：灌木或小乔木，高 4~10m；幼枝黄绿色，无毛；老枝棕褐色，具纵棱条。叶薄革质，倒卵形或卵状椭圆形，先端锐尖，基部楔形，边缘上部具不明显圆齿状小锯齿，呈波状或近全缘，上面深绿色，下面淡绿色；中脉下陷，下面明显突起，侧脉 4~5 对，弧状上弯，在近缘处相连接，两面无毛；叶柄无毛，上面有浅槽沟。腋生总状花序，单生或稀 2~3 束生，直立；花序轴及花梗被短柔毛；花多数，2~3 个簇生；花梗细，被短毛；苞片线状钻形；萼筒浅杯状，被疏柔毛，萼片三角状披针形；花瓣白色，披针形，花时直立，顶端稍内弯，无毛；雄蕊与花瓣近等长或稍长于花瓣；花丝有微毛；子房上位，被密长柔毛；柱头头状。蒴果长圆状披针形，被微毛，具纵条纹。花期 3~5 月；果期 5~12 月。

生长习性：常见于海拔 140~2400m 的山地、山谷、疏林、路边及溪边。

用途
用于绿篱或园景树。

105

碧桃
（千叶桃花、桃花）

科属 蔷薇科桃属

用途 花色艳丽，观赏效果好可孤植、群植，也可作盆栽。树干上分泌的胶汁，可作粘结剂。

学名 *Amygdalus persica* var. *persica* f. *duplex*

产地分布： 原产于中国，栽培甚广。

形态特征： 落叶小乔木。小枝红褐色，无毛。叶椭圆状披针形，先端渐尖。花单生或两朵生于叶腋。核果球形，果皮有短绒毛。花期 3~4 月，果期 8~9 月。

生长习性： 喜光、耐旱、耐寒，要求土壤肥沃、排水良好。生长期要求加强管理。

学名 *Prunus topengii* Merr.

产地分布：原产于中国广东和海南各地。分布于香港、福建、广西、云南、贵州。

形态特征：乔木，高可达 25m。小核具皮孔，幼时被褐色柔毛，老时无毛。叶革质，卵形椭圆形或椭圆形；顶端短渐尖而钝，基部宽楔形，两边稍不相等，全缘，上面无毛，下面被倒伏的褐色柔毛，沿中脉及侧脉毛较密，近基部有 2 枚黑色腺体；被褐色柔毛；托叶小，早落。总状花序有花 10 余朵；苞片小，卵状披针形或披针形，被毛，早落；萼管倒圆锥形，萼裂片 5，顶端急尖；花瓣 5。果臀形，顶端常无突尖而凹陷，无毛，深褐色；种子外面被细短柔毛。花期 6~9 月；果期冬季。

生长习性：生于海拔 200~1000m 的山地林中。

科属　蔷薇科臀果木属

臀果木
（臀形果、荷包李、木虱罗、木虱槁、鹿角）

用途 种子可榨油。

石斑木
（春花、田代氏石斑木、尖梅花）

科属 蔷薇科石斑木属

用途

可作行道树、绿篱、庭园美化、盆栽；可单植、列植、丛植。春天开花成簇，具观花效果。

学名 *Raphiolepis indica* (L.)Lindl.

产地分布：原产于中国，南方各地均有分布。

形态特征：常绿小乔木或灌木。多分枝，初生幼枝覆淡褐色毛茸，小枝圆柱形黑褐色。叶丛生小枝端，薄革质，长椭圆形或披针状长椭圆形，粗锯齿缘。圆锥花序顶生，有褐色毛，花白色，凋谢前略带粉红。果实球形果熟红黑色。

生长习性：喜高温、湿润多雨和阳光充足或半阴环境。抗风、耐寒性佳；但耐盐性差，耐旱性弱，耐阴性差。

柳叶石斑木

科属 蔷薇科石斑木属

用途 宜作庭院绿化植物。

学名 *Raphiolepis salicifolia* Lindl.

产地分布：原产于中国广东、广西、福建。

形态特征：常绿灌木或小乔木。小枝灰褐色或褐黑色,幼时带红色,具短柔毛。叶片披针形、长圆披针形,稀倒卵状长圆形,边缘具稀疏且整齐的浅钝锯齿,有时中部以下至基部近于全缘。顶生圆锥花序,花瓣白色,花期4月。

生长习性：性喜高温、湿润多雨和阳光充足或半阴环境。能抗强风,耐寒性差;耐盐性佳,耐旱性弱,耐阴性差。

野蔷薇
（粉团蔷薇）

科属 蔷薇科蔷薇属

学名 *Rosa multiflora* Thunb.

产地分布：分布于中国华中、华东、华南、华北、西南、西北地区。

形态特征：攀缘灌木。小枝有刺。小叶5~11片,倒卵形、长圆形或卵形,边有锐齿,正面无毛,背面被柔毛;小叶柄和叶轴被柔毛或无毛,有疏腺毛;托叶篦齿状,中部以下与叶柄合生,边缘有或无腺毛。圆锥花序;花梗无毛或有腺毛,有时基部有篦齿状小苞片;萼裂片披针形或倒卵形,有时中部具2枚线形裂片,外面无毛,内面有柔毛,不宿存;花粉红色,倒宽卵形,顶端微凹;花柱合生成束,无毛,比雄蕊稍长。果近球形,红褐色或紫褐色,有光泽,无毛。花期4~6月。

生长习性：生于海拔500~700m的山地林中或灌丛。

用途 花多而香。可作庭园观赏;鲜花含芳香油,可作香水原料;根能活血通络;叶外用治肿痛;种子能利水通经。

粗叶悬钩子

（茅梅）

科属 蔷薇科悬钩子属

学名 *Rubus alceaefolius* Poir

产地分布：原产于中国，南方各地均有分布。

形态特征：攀缘灌木。全株密被锈色绒毛，枝、叶柄和花序柄有小钩刺；单叶互生，心状卵形或心状圆形，密被灰色或锈色绵毛及长柔毛，叶脉锈色。花白色，成顶生和腋生的圆锥花序或总状花序，少数为腋生头状花束，有淡黄色绒毛。聚合果近球形，熟时鲜红色。花期7~8月，果期11~12月。

生长习性：喜光，喜温暖湿润环境。生于山坡、丘陵、路旁、旷野灌林丛中。

用途：根、叶可治疗嗜盐菌引起的食物中毒。

七裂叶悬钩子
（深裂锈毛莓）

科属 蔷薇科悬钩子属

用途 果可食；根入药，有祛风湿、强筋骨之效。

学名 *Rubus reflexus* Ker Gawl.

产地分布：原产于中国，广东、广西、云南、江西、福建、台湾均有分布。

形态特征：攀缘灌木。全株密被锈色绒毛，枝、叶柄和花序柄有小钩刺。单叶互生，心状卵形或心状圆形，被粗毛及圆泡状小凸起点或平坦。花白色，成顶生和腋生的圆锥花序或总状花序，少数为腋生头状花束，有淡黄色绒毛。聚合果近球形，熟时鲜红色。花期6~7月；果期8~9月。

生长习性：喜半阴，喜温暖湿润环境。

海红豆（相思树）

科属 含羞草科海红豆属

学名 *Adenanthera pavonina* L. var. *microsperma* (Teijsm.et Binn.) Nielsen

产地分布：原产于印度、马来西亚、印度尼西亚（爪哇），分布于中国南方各地。

形态特征：落叶乔木。幼树树皮灰绿色，具灰白色皮孔，老树皮暗灰褐色。奇数羽状复叶。圆锥花序顶生或腋生，花两性，花冠白色或淡红色，微有香气。荚果扁，革质或木质，近圆形。

生长习性：主根明显，根系发达，适生长于土层深厚、湿润、肥沃土壤，耐干旱，喜暖热、湿润气候，幼苗较耐阴，成长后喜光，生长较缓慢。

用途 为珍贵保护树种，具有优良的观赏价值。

天香藤
（藤山丝、刺藤）

科属 含羞草科合欢属

学名 *Albizia corniculata* (Lour.) Druce

产地分布：原产于中国，分布于广东、广西、福建。

形态特征：攀缘灌木或藤本；叶柄下常有 1 枚下弯的粗短刺，二回羽状复叶，总叶柄近基部有压扁的腺体 1 枚，小叶长圆形；花冠白色，荚果带状。

生长习性：喜光喜湿润环境，常攀缘于乔木之上。

用途 单味煎服、治跌打损伤、创伤出血等。

大叶合欢
（阔荚合欢）

科属 含羞草科合欢属

学名 *Albizia lebbeck* (L.) Benth.

产地分布：原产于非洲及亚洲热带地区，分布于广东、广西、云南、福建。

形态特征：落叶乔木。嫩枝密被短绒毛，老枝无毛；二回羽状复叶。小叶纸质，长圆形。头状花序排成顶生、疏散的圆锥花序，被锈色短绒毛。有香味荚果长圆形，被绒毛。

生长习性：低海拔疏林中常见植物，喜光喜湿润。

用途 木材深棕色，坚硬，纹理致密，特别适用于制造车轮，油磨和家具。

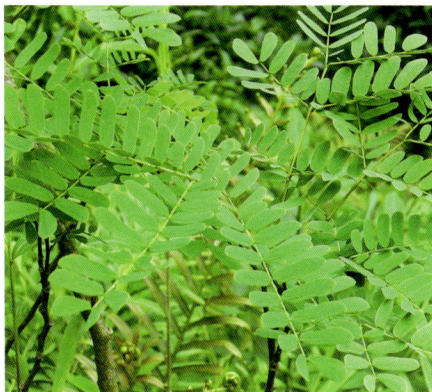

猴耳环

（围诞树、鸡心树）

科属 含羞草科猴耳环属

学名 *Archidendron clyupearia* (Jack) Nielsen

产地分布：原产于中国，分布于华南及浙江、福建、台湾、四川、云南。缅甸，印度尼西亚也有分布。

形态特征：乔木。小枝有棱，被黄色短细毛。二回双数羽状叶互生，羽片 3~6 对，每对羽片间的叶轴上具 1 个腺体。白色或淡黄色花排成聚伞圆锥状，腋生或顶生。荚果条形，旋卷成环状；种子椭圆形，有长脐带，熟时露出果荚之外。花期 2~6 月；果期 4~8 月。

生长习性：性喜高温、湿润多雨和阳光充足或半阴环境。

用途 树皮含单宁，可提取栲胶。叶可药用。

亮叶猴耳环
（尿桶弓）

科属　含羞草科猴耳环属

用途 叶、树皮含多种生物碱，有一定的药用价值。

学名 *Archidendron lucidum* (Benth.) Nielsen

产地分布：原产于中国，分布于广东、广西、福建、湖南、云南、台湾。

形态特征：乔木。高达 18m。羽片 4~7 对；叶柄具四棱，叶柄及每对羽片下各具 1 腺体；小叶斜棱形。春夏盛开白色或淡黄色的花朵。果旋卷成圆环，故有"猴耳环"之称；种子黑色，小巧玲珑，果实冬季成熟。

生长习性：性喜光，稍耐荫蔽。

南洋楹

科属 含羞草科合欢属

学名 *Falcataria moluccana* (Miquel) Barneby & J. W. Grimes

用途

南洋楹生长迅速，树形美观，可作庭园绿荫树种栽植，也是良好的经济林木。

产地分布：原产于印度尼西亚东北部的马鲁古群岛。中国福建、广东、海南等地有栽培。

形态特征：乔木。树干通直，树冠稀疏，嫩枝圆柱状或微有棱。二回羽状复叶，长圆形。穗状花序腋生，花冠淡蓝色。

生长习性：阳性树种，耐阴，喜暖热多雨气候及肥沃湿润土壤。有根瘤菌，具固氮作用。

簕仔树
（光荚含羞草）

科属 含羞草科含羞草属

学名 *Mimosa bimucronata* (DC) Kuntze

产地分布：原产热带非洲，中国广东有分布。

形态特征：灌木或小乔木。枝条带刺；叶为二回羽状叶，叶轴上有棒状腺体，羽片及小叶多对。花组成圆柱形的穗状花序，簇生于叶腋，上部的花为两性花，黄色；下部的花为中性花，白色或玫瑰红色。荚果簇生成头状。

生长习性：喜光，喜温暖湿润环境。

用途

多用作绿篱。

含羞草

（感应草、喝呼草、知羞草、怕丑草）

科属　含羞草科含羞草属

学名 *Mimosa pudica* L.

用途

全草药用，能安神镇静、止血收敛、散瘀止痛；种子能榨油。含羞草体内的含羞草碱是一种有毒物质，人体过度接触后会使毛发脱落。

产地分布：原产于南美洲。现中国各地均有栽培。分布于华东、华南、西南等地区。

形态特征：多年生草本。分枝多，遍体散生倒刺毛和锐刺。叶为 2 回羽状复叶。头状花序长圆形，花淡红色，花萼钟状。荚果扁平，边缘有刺毛，有 3~4 荚节，成熟时节间脱落。花期 9 月。

生长习性：喜光，喜温暖湿润环境，稍耐旱。

白花羊蹄甲
（老白花皮、白花洋紫荆）

科属 苏木科羊蹄甲属

学名 *Bauhinia acuminata* L.

产地分布：原产于中国、印度，分布于广东。

形态特征：中等落叶乔木。叶互生，单叶两裂，边全缘。花数朵聚生，芳香，花冠白色。荚果，成熟后裂开散布种子，春季开花，先开花后发叶。

生长习性：喜温暖湿润气候，喜阳，在排水良好的酸性沙壤土生长良好。

用途 为宫粉羊蹄甲的变种，宜作行道树及庭院绿化树。

红花羊蹄甲
（红花紫荆、艳紫荆）

科属 苏木科羊蹄甲属

用途 适宜作庭园绿化、绿荫观花树，也可作行道树。

学名 *Bauhinia blakeana* Dunn

产地分布：原产并分布于中国中部和东南、华南地区。

形态特征：常绿小乔木。叶互生，肾形，甚宽大。总状花序，花冠浓艳紫红色，5瓣，花姿浓艳瑰丽，花期持久，冬季至翌年春季。

生长习性：喜光。喜温暖、湿润、酸性土壤。

龙须藤
（乌郎藤、百代藤）

科属 苏木科羊蹄甲属

学名 *Bauhinia championii* (Benth.) Benth.

产地分布：原产于中国。分布于华南、华东、西南等地区。东南亚也有分布。

形态特征：藤本。小枝被锈色短柔毛；卷须单生或成对。叶纸质，卵形至卵状披针形或心形。总状花序狭长，腋生，有时与叶对生或数个聚生于枝顶而成总状花序，被灰褐色短柔毛；苞片与小苞片小，花蕾椭圆形，具凸头，与花萼及花梗同被灰褐色短柔毛；花梗纤细，花托漏斗状，萼片披针形；花瓣白色或乳白色，具瓣柄，花瓣片匙形；子具短柄，沿缝线被毛，花柱短，柱头小。荚果倒卵状长圆形或带状，革质，扁平，无毛；种子2~5颗，圆形，扁平。花期6~10月；果期7~12月。

生长习性：生于低海拔至中海拔的丘陵灌丛或山地疏林和密林中。

用途 根和老茎供药用，有活血、散瘀、活络、镇静和止痛的功效。

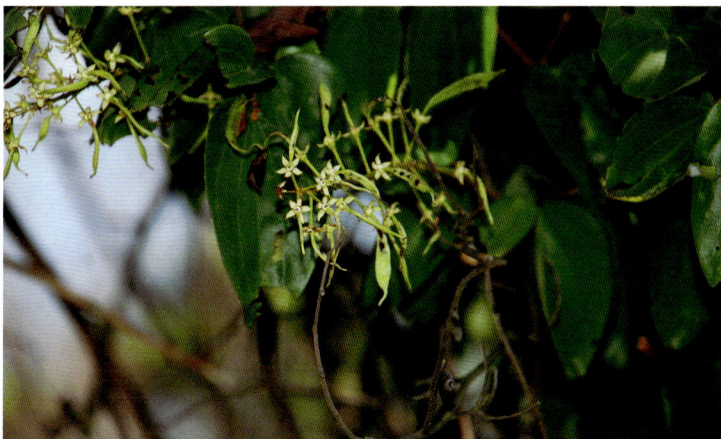

洋紫荆

科属 苏木科羊蹄甲属

学名 *Bauhinia variegata* L.

产地分布：原产于中国广东。印度也有分布。

形态特征：中等落叶乔木。树形、叶片与洋紫荆相似，蹄形单叶绿色。花瓣粉红色，其中一块花瓣带红色及黄绿色条纹，花通常都比新叶先开放。

生长习性：喜温暖湿润气候，喜阳，在排水良好的酸性沙壤土生长良好。

用途 宜作行道树、园林绿化及庭院树。

凤凰木（红花楹）

科属　苏木科凤凰木属

用途：枝叶广展犹如凤凰之尾羽，故称凤凰木。夏初开花，犹如火焰。开花时红花绿叶，对比强烈，相映成趣。可作行道树、庭荫树。

学名 *Delonix regia* (Boj.) Raf.

产地分布：原产于热带非洲马达加斯加，中国广东、广西、云南等地有栽培。

形态特征：热带树种，树冠扁圆形，分枝多开展。二回羽状叶，互生。总状花序，花大，鲜红色或橙红色，花瓣中有一瓣为白色具红边，瓣上有红斑点。

生长习性：为强阳性树种。耐寒，只能生长于霜期超过5~10天的地区，耐高温高湿。宜肥沃、排水良好的土壤，也耐瘠薄。

格木

（赤叶木、铁木）

科属 苏木科格木属

学名 *Erythrophleum fordii* Oliv.

产地分布：原产于中国，分布于浙江、福建、台湾、广东等地。

形态特征：常绿乔木。高可达30m；嫩枝和幼芽被铁锈色短柔毛。叶互生，二回羽状复叶，无毛；羽片通常3对，对生或近对生；小叶互生，卵形或卵状椭圆形。由穗状花序所排成；总花梗被铁锈色柔毛；萼钟状，外面被疏茸毛，裂片长圆形，边缘被柔毛；花瓣5，淡黄绿色，倒披针形，长于花萼裂片，内面和边缘密被柔毛。荚果长圆形，扁平，厚革质，有网脉；种子长圆形，稍扁平，种子黑褐色。花期5~6月；果期8~10月。

生长习性：喜光，喜温暖、湿润的气候。在土层深厚的酸性沙壤或轻黏土中生长良好。耐干旱，忌积水。

用途

国家Ⅱ级重点保护植物。是布置庭园和道路绿化的理想树种。木质坚硬，故有『铁木』之称。

短萼仪花
（麻忆木）

科属 苏木科仪花属

用途 木材坚硬，是优良建筑用材，花多而艳丽，为优秀园林绿化树种。根、茎、叶可入药，能散瘀消肿，止血止痛。

学名 *Lysidice brevicalyx* C. F. Wei

产地分布：原产于中国广东、香港、广西、云南等地。

形态特征：乔木。叶为偶数羽状复叶；小叶对生。花组成腋生或顶生的圆锥花序；苞片绯红色；萼管状，肉质，裂片4，覆瓦状排列，开花时反曲；花瓣5，紫红色；花柱长，丝状，在花蕾时旋卷。荚果长倒卵形，扁平，革质至木质，2瓣裂，种子间有隔膜。

生长习性：喜光，喜温暖湿润的气候；耐瘠薄，但以在深厚肥沃排水良好的土壤生长较好。

仪花
（红花树）

科属 苏木科仪花属

用途 树冠开展，花朵美丽，在园林中可植为行道树或庭荫树。根、茎、叶可供药用，有散瘀消肿之效。

学名 *Lysidice rhodostegia* Hance

产地分布：原产于中国云南、贵州、海南、广东、广西、台湾等地。

形态特征：乔木。树皮灰白至暗灰色，树冠近球形或扁球形。偶数羽状复叶。圆锥花序顶生，苞片粉红色，花白色或紫色，花期5~7月。荚果扁平，9~10月成熟时灰色。

生长习性：喜光，喜温暖湿润的气候；耐瘠薄，但在深厚肥沃排水良好的土壤生长较好。

猪屎豆
（猪屎青大马铃）

科属 蝶形花科猪屎豆属

学名 *Crotalaria pallida* Ait.

产地分布：原产于中国福建、广东、云南、台湾。

形态特征：亚灌木状草本。茎、枝被伏贴柔毛；三出叶，顶小叶最大，两侧小叶较小。总状花序，蝶型花冠，黄色，旗瓣上有紫红色条纹。荚果圆柱状，成串生于植株顶端，成熟时逐渐由绿转成黑褐色，摇动会咔咔作响。

生长习性：喜光，喜温暖湿润环境，较耐旱。

用途

花期长，耐贫瘠又耐旱，适合道路两旁边坡的景观栽培。也极适合栽种于田里当绿肥植物。种子和幼嫩枝叶有毒。

南岭黄檀
（水相思）

科属 蝶形花科黄檀属

用途 可作园林观赏树或行道树；放养紫胶虫产紫胶。

学名 *Dalbergia assamica* Benth.

产地分布：原产于中国，分布于南方各地。

形态特征：落叶乔木。树皮暗灰褐色。奇数羽状复叶，小叶纸质，长圆形或倒卵状长圆形。圆锥花序腋，花萼钟状；花冠白色。荚果舌状，两端渐狭。

生长习性：主根明显，根系发达，适生长于土层深厚、湿润、肥沃的土壤。耐干旱，喜暖热、湿润气候。幼苗较耐阴，成长后喜光，生长较缓慢。

香港黄檀
（红豆）

科属　蝶形花科黄檀属

学名 *Dalbergia millettii* Benth.

用途

种子食用有剧毒，外用治皮肤病；根、藤入药，可清热解毒和利尿通淋。

产地分布：原产于中国，分布于广东、广西、云南。

形态特征：藤本。茎细弱，疏黄色长绒毛。羽状复叶，对生，近长圆形。总状花序腋生，花冠紫色。荚果长圆形。

生长习性：喜半阴潮湿环境，多见于山野灌丛中。

降香黄檀
（降香檀、黄花梨）

科属　蝶形花科降香属

学名 *Dalbergia odorifera* T. Chen

产地分布：原产于中国，分布于海南岛。

形态特征：半落叶乔木，树冠广伞形；树皮浅灰黄色，略粗糙。奇数羽状复叶。圆锥花序腋生，由多数聚伞花序组成，花淡黄色或乳白色。荚果舌状，扁平，有种子部分明显隆起，通常有种子1颗，稀2颗；种子肾形。

生长习性：阳性树种，对立地条件要求严，在陡坡、山脊、岩石裸露、干旱瘦瘠地均能适生。

用途

珍贵树种，国家Ⅱ级重点保护植物。心材极耐腐，且香气经久不灭，纹理美致，是制作名贵家具、工艺品的一等木材；心材入药可代替进口降香，木材的蒸馏油香气易挥发，可作定香剂。

大叶千斤拔
（假乌豆草、皱面树）

科属 蝶形花科千斤拔属

用途 根供药用，能祛风活血、强腰壮骨，治风湿骨痛。

学名 *Flemingia macrophylla* (Wild.) Prain

产地分布：分布于中国广东、云南、贵州、四川、广西、江西、福建、海南、台湾等地。

形态特征：多年生直立灌木，高 0.8~2.5m。叶具指状 3 小叶；托叶大，披针形，先端长尖，被短柔毛，具线纹，常早落；叶柄具狭翅；小叶纸质或薄革质，顶生小叶宽披针形至椭圆形，先端渐尖，基部楔形；基出脉 3。总状花序常数个聚生于叶腋，常无总花梗；花多而密集；花梗极短；花萼钟状，被丝质短柔毛；花冠紫红色，稍长于萼，旗瓣长圆形，具短瓣柄及 2 耳，翼瓣狭椭圆形，一侧略具耳，龙骨瓣长椭圆形；雄蕊二体；子房椭圆形。荚果椭圆形，褐色，略被短柔毛；种子 2 颗，近球形。花期 6~9 月；果期 10~12 月。

生长习性：常生长于旷野草地上或灌丛中，山谷路旁和疏林阳处亦有生长。

美丽胡枝子
（假蓝根、碎蓝本、沙牛木）

科属 蝶形花科胡枝子属

用途 可入药，有清热、利尿通淋之功效。

学名 *Lespedeza formosa* (Vog.) Koehne

产地分布：原产于中国，广泛分布于南方各地。

形态特征：直立灌木。小叶多椭圆形或卵形。总状花序腋生，或圆锥花序顶生；花冠红紫色。荚果，表面具网纹且被疏绒毛。

生长习性：喜光，较耐寒，较耐干旱，但在温厚湿润、肥沃土壤中生长尤显良好。

山鸡血藤

（野海椒、苦菜、野辣虎）

科属 蝶形花科崖豆藤属

学名 *Millettia dielsiana* Harms

产地分布： 原产于中国广东、广西、云南。

形态特征： 半常绿或落叶木质藤本。奇数羽状叶，小叶宽椭圆形，上面有疏柔毛，下面脉腋间有黄色髯毛。圆锥花序腋生，花多而密；序轴及总花梗被黄色短柔毛；花冠蝶形，白色，肉质。荚果舌形。花果期夏、秋季。

生长习性： 阳性树种，稍耐阴，有一定的耐寒性，耐干旱瘠薄，在深厚肥沃、排水良好的沙质壤土生长旺盛，幼苗生长较慢。生于林中、灌丛或山沟。

用途

园林中可作引种驯化培育新的品种，用于杂交育种。全草药用，能清热解毒、利水消肿。

白花油麻藤
（禾雀花）

科属 蝶形花科黧豆属

用途 具较高的观赏价值；药用，可通经络、强筋骨，但种子有毒。

学名 *Mucuna birdwoodiana* Tutch.

产地分布：原产于亚洲热带及亚热带地区，中国分布于华南、华东、西南地区。

形态特征：常绿大型木质藤本。羽状复叶3小叶，小叶近革质。总状花序呈束状，花冠白色或带绿白色。果木质。

生长习性：喜半荫蔽环境，喜湿润。

海南红豆

科属　蝶形花科红豆属

学名 *Ormosia pinnata* (Lour.) Merr.

产地分布：原产于中国，广布于广东（西南部）、海南、广西（南部）。

形态特征：常绿乔木。羽状复叶，有光泽。蝶形花，白色，6~7月开放，不太显眼。果实为荚果，内有红色的种子。

生长习性：喜光，喜高温湿润气候，适应性颇强，耐寒，耐半阴，耐干旱，抗大气污染，抗风。

用途

枝繁叶茂，树冠圆伞状，树姿高雅，荚果独特，为优良的园林风景树和行道树。

学名 *Ormosia pinnata* (Lour.) Merr.

毛排钱草

（毛排钱树）

科属 蝶形花科排钱草属

用途 根、叶药用，能解表清热、活血散瘀。

学名 *Phyllodium elegans* (Lour.) Desv.

产地分布：原产于中国，分布于福建、台湾、广东、广西、云南。

形态特征：半灌木。小叶革质，顶生小叶椭圆状卵形或披针状卵形，托叶三角状披针形。总状花序顶生或腋生。荚果长圆形，有缘毛。

生长习性：喜光，喜温暖湿润环境，对土壤要求严，喜肥沃、疏松、湿润的土壤。

野葛
（菖、野菖藤）

科属 蝶形花科葛属

学名 *Pueraria lobata* (WILLD.) Ohwi

产地分布：原产于亚洲，广布中国南方各地。

形态特征：藤本。小枝棕褐色，具条纹，幼枝被锈色柔毛。掌状 3 小叶。圆锥花序腋生，短而密集，花黄绿色。核果略偏斜，呈斜三角形，黄色。

生长习性：喜阳，喜温暖湿润气候，对土质要求严。

用途 根部可入药。

科属 蝶形花科葫芦茶属

葫芦茶

（剃刀柄、金剑草）

用途 药用，具清热解暑、利尿通淋、散气之功效。

学名 *Tadehagi triquetrum* (L.) Ohashi

产地分布：原产于中国，广布南方各地。

形态特征：多年生亚灌木状草本。茎带木质，三角形，多分枝，披散或直立。叶互生，长圆形，叶柄有阔翅，与叶同质，状似葫芦。夏秋枝梢开红紫色小蝶形花，总状花序，萼阔钟形。荚果矩圆状扁平。

生长习性：喜光，喜温暖湿润环境，耐旱。

学名 *Uraria crinita* (L.) Desv. ex DC

产地分布：广泛分布于中国南方各地。

形态特征：亚灌木。茎被灰色短毛。羽状复叶，小叶近革质，长椭圆形，卵状披针形或卵形。总状花序顶生，密被灰白色长硬毛；花萼浅杯状，被白色长硬毛，花冠紫色。

生长习性：喜光喜湿润环境。

猫尾草
（虎尾草、牛春花、猫尾射）

科属 蝶形花科狸尾豆属

用途 药用，可散瘀止血、清热止咳。

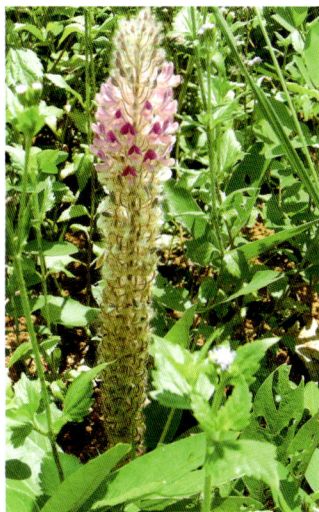

蕈树
（阿丁枫）

科属 金缕梅科阿丁枫属

用途 木材红褐色，有光泽，纹理美丽，结构细腻，易劈裂，可做造船、桥梁、建筑、家具等用材，也是培育香菇的理想木材之一。

学名 *Altingia chinensis* (Champ.) Oliv. ex Hance

产地分布：原产于中国南部。

形态特征：常绿乔木。干形通直，叶革质，倒卵状长圆形，先端急尖，基楔形，边有钝锯齿，侧脉 6~8 对，两面均凸起，萼齿乳突状。头状果序近球形。

生长习性：喜高温湿润气候，较喜光，幼树耐阴，耐干旱贫瘠，适应性强，侧枝发达，萌芽力强。

学名 *Distylium racemosum* Sieb. et Zucc

产地分布：原产于中国广东东部、北部、中部及沿海岛屿，台湾、浙江、福建等地有栽培。

形态特征：常绿灌木。嫩叶有鳞秕；芽体无鳞苞，外有鳞秕；叶革质，椭圆形或倒卵形，先端略钝，基部阔楔形，无毛；侧脉 5~6 对，网脉明显，全缘；苞片披针形。雌雄花同在一个花序上，雌花位于花序顶端；萼齿大小等；雄蕊 5~6 枚；子有星状毛。蒴果卵圆形。花期 4~5 月。

生长习性：生于山地林中。喜光，稍耐阴，喜温暖湿润气候，耐寒性强，对土壤要求严。

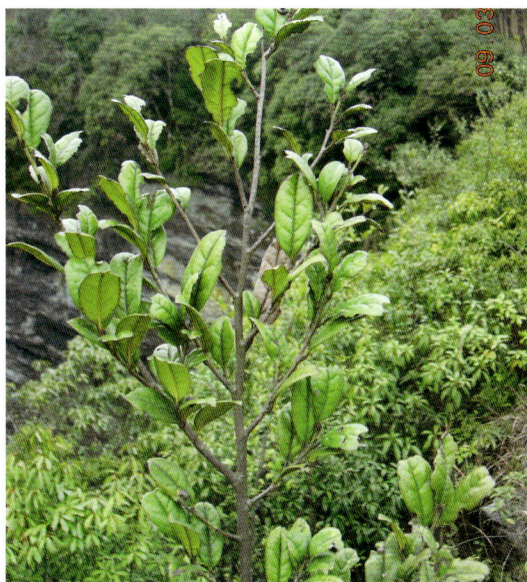

蚊母树

科属 金缕梅科蚊母树属

用途

可栽作行道树、绿篱和防护林带。树根药用，治水肿、手足浮肿、风湿骨节疼痛、跌打损伤。

枫香
（枫树、路路通）

科属　金缕梅科枫香属

用途

树干挺拔，冠幅宽大，入秋叶色红艳，为著名的秋色树种，可作庭荫树、行道树等，孤植、数株群植于草坪、坡地、池畔，或与常绿树种和秋叶树种如银杏、无患子、水杉等配植，形成色彩亮丽、层次丰富的秋景。本种对二氧化硫、二氧化硫的吸收能力强，对氯气、二氧化硫的抗性较强，并有较强的耐火性和抗风力，可作防护林带、防火林带树种和抗污染树种。

学名 *Liquidambar formosana* Hance

产地分布：原产于中国，主要分布于长江流域及以南各地。

形态特征：落叶乔木，含树脂的树液及软木质枝条。单叶互生具托叶，掌状裂单叶（幼时五裂）。叶边有锯齿，叶先端急尖，冬季叶子由绿转黄再转红。揉搓叶片有香味。

生长习性：阳性树种，喜温暖湿润气候和深厚、湿润的酸性或中性土壤，较耐干旱和瘠薄，耐长期水湿。

米老排
（壳菜果）

科属　金缕梅科壳菜果属

学名 *Mytilaria laosensis* Lec.

产地分布： 原产于亚洲南部，主要分布于中国广东、广西以及云南。

形态特征： 乔木。叶革质，阔卵圆形，全缘或掌状3浅裂。肉穗状花序顶生或近顶生，花瓣带黄色。蒴果椭圆形，外果皮黄褐色，内果皮较薄而且坚硬。

生长习性： 列为广东省三级保护植物。木材红色，抗白蚁侵，可作箱柜、家具、房屋板料、造船等用材，为速生良材之一。生态价值也很高，具有很好的涵养水源、水土保持和恢复提高林地土壤肥力的作用。

用途　根部可入药。

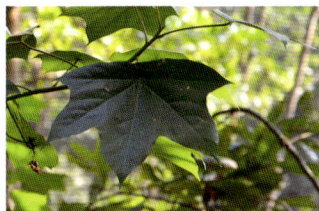

红花荷
（红苞木）

科属　金缕梅科红苞木属

用途　宜用作森林公园景观树种或山上造林混交树种，亦可作为庭园风景树木本花卉。

学名 *Rhodoleia championi* Hook.

产地分布：原产于中国南部。

形态特征：常绿常木。叶厚革质状，卵形，叶正面亮绿色，背面灰白色。头状花序，常下垂，鳞片状苞片卵圆形，花两性，红色。花期1~3月。

生长习性：喜光，喜高温湿润气候，中性偏阳树种，幼树耐阴，耐干旱贫瘠，适应性强。

罗浮栲

科属 壳斗科栲属

学名 *Castanopsis fabri* Hance

产地分布：原产于中国，贵州、广西、广东、湖南、福建、江西、安徽、浙江等地均有分布。

形态特征：乔木，树皮暗灰色。叶革质，卵状至窄椭圆状披针形。雄花序穗状，每1总苞内有3朵雌花。坚果圆锥形，一侧扁平，果脐近三角形，与坚果基部几等大。花期4~5月；果熟期翌年10~12月。

生长习性：喜光，喜温暖多湿润环境。

用途 宜作行道树及庭园绿化树种。

科属 壳斗科锥属

黧蒴栲
（黧蒴、大叶锥、大叶栎）

学名 *Castanopsis fissa* (Champ. ex Benth.) Rrhder et E. H. Wilson

产地分布：原产于中国，贵州（南部）、广西、广东、湖南、福建、江西等地均有分布。

形态特征：乔木。叶倒卵状披针形或长椭圆形，边缘有钝锯齿或波状齿，背面有灰黄色鳞秕或脉上有疏毛，后变银灰色。雌花序每1总苞内有雌花1朵。坚果卵形或圆锥状卵形，果脐小于坚果基部。花期4~5月；果熟期11~12月。

生长习性：根系发达，喜光，幼树耐阴，耐贫瘠干旱。固土力强，速生，树根萌芽力强。

用途

木材灰黄色，材质稀软，耐朽，易加工，适作家具等一般用材。枯木可培养食用菌类。具有优良的水源涵养能力及水土保持能力，宜作水源涵养林、水土保持林混交林。

学名 *Castanopsis fissa* (Champ. ex Benth.) Rrhder et E. H. Wilson

南岭栲
（毛锥、毛栲）

科属 壳斗科锥属

学名 *Castanopsis fordii* Hance

产地分布：原产于中国。分布于华南及华东地区。

形态特征：乔木。芽鳞、一年生枝、叶柄、叶背及花序轴均密被棕色或红褐色稍粗糙的长茸毛，二年生枝的毛较小。托叶宽卵形，顶端略钝，有多数的纵细脉常较迟脱落；叶革质，长椭圆形或长圆形，或兼有倒披针状长椭圆形。雄穗状花序常多穗排成圆锥花序，花密集，雄蕊 12 枚；雌花花柱 3 枚。壳斗密聚于果序轴上，每壳斗有坚果 1 个，在下部合生成多束，外壁为密刺完全遮蔽；坚果扁圆锥形。花期 3~4 月；果翌年 9~10 月成熟。

生长习性：生于海拔 850m 以下的山地灌木或乔木林中。

用途

材质坚实厚重，有弹性，结构略粗，纹理直，是南方常见用材树种，用于造船，建筑装饰，包装等，是一等栽培木耳的耳树。

雷公青冈

（胡氏青冈）

科属 壳斗科青冈属

学名 *Cyclobalanopsis hui* (Chun) Chun ex Y.C.Hsu et H.Wei Jen

产地分布：分布于中国海南、福建、广西、湖南、广东等地。

形态特征：常绿乔木。幼时密被黄色卷曲茸毛，后渐无毛，有细小皮孔。叶片薄革质，长椭圆形、倒披针形或椭圆状披针形，全缘或顶端有数对不明显浅锯齿，叶缘反曲；叶柄幼时被卷毛。雄花序2~4个簇生，全体被黄棕色茸毛；雌花序有花2~5朵，聚生于花序轴顶端。果序有果1~2个；壳斗浅碗形至深盘形，包着坚果基部，内外壁均被黄褐色茸毛；小苞片合生成4~6条同心环带，环带边缘呈小齿状；坚果扁球形，果脐凹陷。花期4~5月；果期10~12月。

生长习性：生于山地杂木林或湿润密林中。

用途 果实含淀粉32.11%，可酿酒或浆纱。壳斗、树皮含鞣质。木质坚韧，可作用材。

学名 *Lithocarpus glabra* (Thunb.) Nakai

产地分布：分布于中国秦岭南坡以南各地。

形态特征：乔木。一年生枝、嫩叶叶柄、叶背及花序轴均密被灰黄色短茸毛，二年生枝的毛较疏且短。叶革质或厚革质，倒卵形、倒卵状椭圆形或长椭圆形，顶部突急尖、短尾尖，或长渐尖，基部楔形，上部叶缘有 2~4 个浅裂齿或全缘。雄穗状花序多排成圆锥花序或单穗腋生；雌花序常着生少数雄花，雌花每 3 朵、很少每 5 朵一簇。果序轴通常被短柔毛；壳斗碟状或浅碗状，通常上宽下窄的倒三角形，覆瓦状排列或连生成圆环，密被灰色微柔毛；坚果椭圆形，顶端尖，有淡薄的白色粉霜，暗栗褐色。花期 7~11 月；果熟期翌年 7~11 月。

生长习性：生于海拔约 1 500m 以下坡地杂木林中，喜光，多生于阳坡。耐干旱瘠薄。

用途 木材的心边材适作家具、农具等。果实含淀粉和脂肪，可酿酒。

柯
（石栎）

科属 壳斗科柯属

美叶柯

（红叶槠、黄背栎）

科属 壳斗科柯属

用途 宜作庭院绿化树种。

学名 *Lithocarpus calophyllus* Chun

产地分布：原产于中国，分布于江西、福建、湖南、广东、广西。

形态特征：乔木，常成灌木状。树皮有皮孔。叶椭圆形，顶尖，硬革质，老叶具蜡鳞层。圆锥花序。坚果，壳斗厚木质。

生长习性：阳性树，稍耐阴，对土壤要求严，喜肥沃、疏松、湿润的土壤。

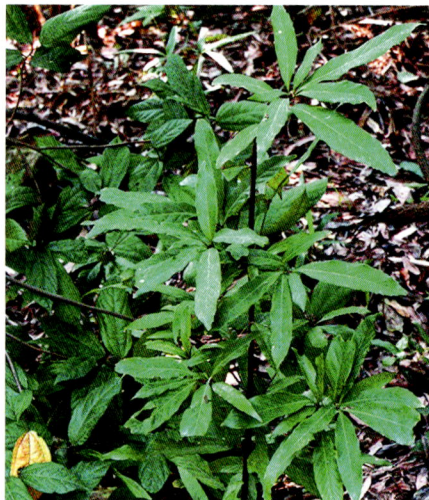

木麻黄

（驳骨松）

科属 木麻黄科木麻黄属

用途 生长迅速，抗风力强，怕沙埋，能耐盐碱，是中国南方滨海防风固林的优良树种；在城市及郊区亦可做行道树、防护林或绿篱。

学名 *Casuarina equisetifolia* Forst.

产地分布：原产于澳大利亚和太平洋诸岛。中国广东、广西、福建、台湾及南海诸岛均有栽培。

形态特征：常绿乔木。树皮暗褐色，狭长条片状脱落；每节通常有退化鳞叶 7 枚，节间有棱脊 7 条。花单性同株。果序球形，坚果连翅。花期 5 月；果熟期 7~8 月。

生长习性：喜光，喜炎热气候。喜钙镁，耐盐碱、贫瘠土壤。耐干旱也耐潮湿。木麻黄根系具根瘤菌，是在瘦瘠沙土能速生的主要原因。

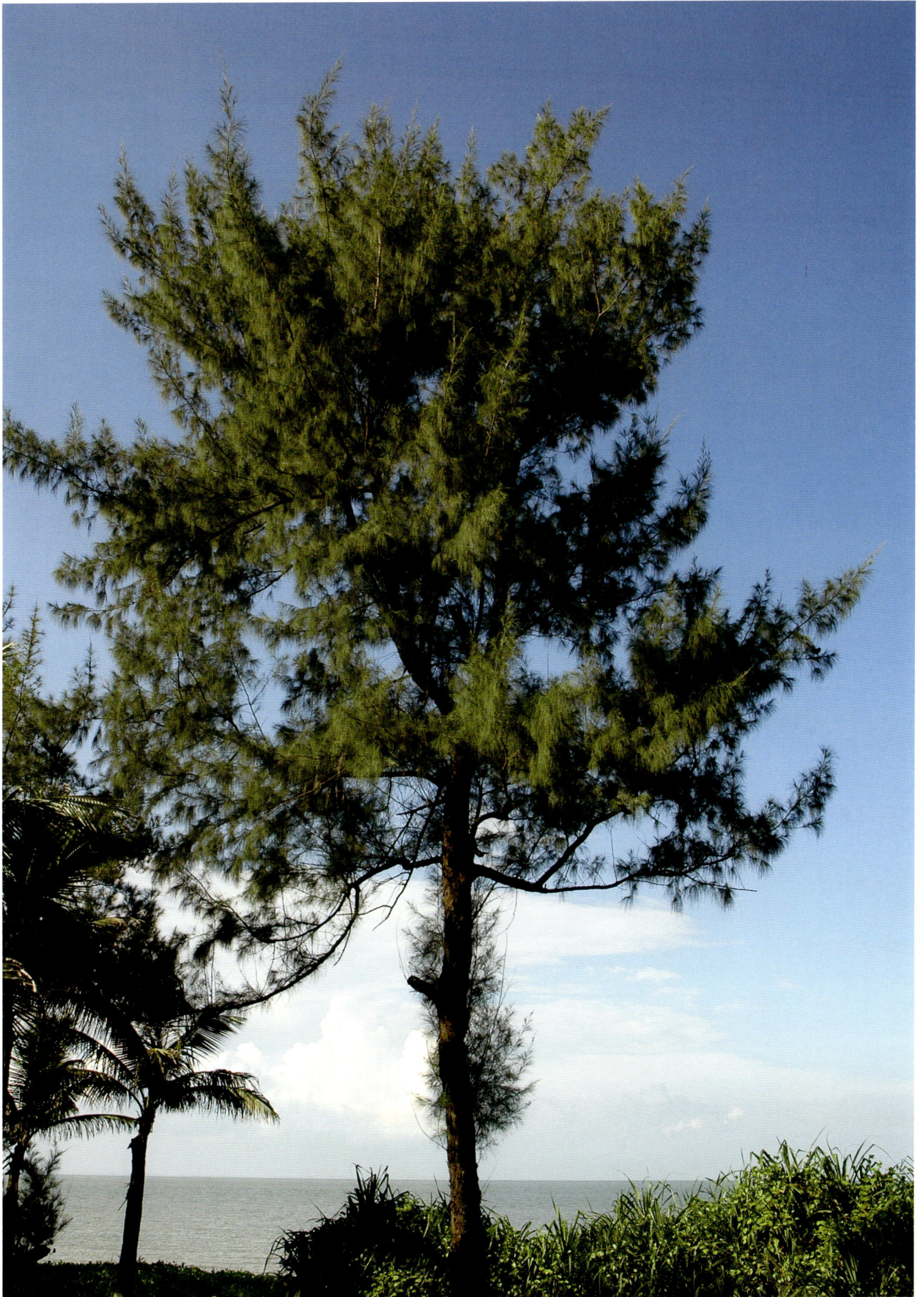

科属 榆科朴属

朴树

（青朴、沙朴、粗仔）

学名 *Celtis sinensis* Pers.

产地分布：原产于中国，主要分布于长江流域及以南各地。

形态特征：乔木。树冠扁圆形。树皮灰褐色，粗糙而开裂，枝条平展。叶广卵形或椭圆形，先端短渐尖，基部歪斜，边缘上半部有浅锯齿。花1~3朵生于当年生枝叶腋；花期4月。核果近球形，10月成熟；熟时橙红色，核果表面有凹点及棱背，单生或两个并生。

生长习性：喜光，稍耐阴，耐水湿，亦有一定的抗寒能力。对土壤的要求严，喜肥沃湿润而深厚的土壤，耐轻盐碱土；深根性，抗风力强；抗烟尘及有毒气体。

用途

绿荫浓郁，树冠宽广，是城乡绿化的重要树种。可孤植作庭荫树，也可作行道树。并可选作厂矿区绿化及防风树种。又是制作盆景的常用树种。

学名 *Trema tomentosa* (Roxb.) Hara

产地分布：原产于热带地区，分布于中国福建、台湾、湖南、广东、广西等地。

形态特征：常绿中乔木或大乔木。小枝生有短毛，侧枝水平延伸，树干有异状突起，树皮多皮孔。叶生在树冠层，互生，于小枝上排成二列，纸质，卵状长椭圆形，细锯齿缘，两面密生毛茸，里面呈银白色。花细小，腋生。核果，熟时黑色。

生长习性：阳性树种。于崩地或新裸露地，常成群发生，为先锋植物。

山黄麻
（麻桐树、麻络木）

科属 榆科山黄麻属

用途 生长快速，木材轻软，供制木屐、火柴杆等。韧皮部富含纤维，可制绳，野外求生可用。

白桂木

科属 桑科桂木属

学名 *Artocarpus hypargyreus* Hance

产地分布：原产于中国，分布于云南、广东、广西。

形态特征：常绿乔木。有乳汁。幼枝和叶柄有锈色柔毛；叶革质，全缘或具波状齿，托叶早落。花单性，雌雄同株，与盾形苞片混生于花序托上。聚花果球形。

生长习性：喜光，喜高温多湿气候，耐半阴，耐干旱也甚耐寒。对土质要求严，须保持湿润和排水良好。

用途 国家Ⅲ级保护植物。乳汁可提取硬性胶。果生食或糖渍，或作调味用。根入药，可活血通络。木材制家具。

菠萝蜜
（树菠萝）

科属　桑科桂木属

学名 *Artocarpus macrocarpus* Dancer

产地分布：原产于印度，主要分布于中国长江流域及以南各地。

形态特征：乔木。全株有乳汁。单叶互生，厚革质，椭圆形或倒卵形。花极多，单性，雌雄同株；雄花序顶生或腋生，圆柱形，雌花序长圆形，生于树干或主枝上，花被管状。聚花果，外皮有六角形瘤状突起。

生长习性：喜光照充足，通风条件好的环境，耐寒。以土层深厚、排水良好的的微酸性土壤为宜。

用途

树形端正，树大荫浓，花有芳香，并有老茎开花结果的奇特景观。为优美的庭园观赏树，在华南地区可作为庭荫树或行道树。也可作为果品及木本粮食。

桂木
（红桂木）

学名　科属
桑科桂木属

学名 *Artocarpus nitidus* Trec. subsp. Lingnauensis (Merr.) Jarr.

产地分布：原产于中国，分布于云南、广东、广西。

形态特征：常绿乔木。有乳汁。叶革质，全缘托叶佛焰苞状，早落。花单性，雌雄异株；雄花序单生于叶腋，具短柄，雄花花被片 2~3 枚，雄蕊 1；雌花序近球形，单生于叶腋，花被管状。聚花果近球形，平滑。

生长习性：喜光，喜高温多湿气候，耐半阴，耐干旱也甚耐寒。对土质要求严，须保持湿润和排水良好。

用途
宜作为庭园风景树和行道树。

高山榕

科属 桑科榕属

用途

树冠广阔，树姿稳健壮观。根系过于发达不太适宜作行道树，但非常适合用作园景树和遮荫树。又为优良的紫胶虫寄主树。

学名 *Ficus altissima* Bl.

产地分布：原产于中国及亚洲热带。

形态特征：常绿大乔木。少数气根，幼嫩部分被微毛，顶芽被银白色毛。叶互生，革质，卵形或广卵形，少数为卵状披针形，全缘，光滑。花果同形，单生或成对腋生。

生长习性：喜光，耐贫瘠和干旱，抗风和抗大气污染，生长迅速，移栽容易成活。

水同木
（母猪乳）

科属 桑科榕属

用途 嫩叶略带红色，长成后呈深绿色，宜作庭院的观赏树木；花序托可食。

学名 *Ficus fistulosa* Reinw. ex Bl.

产地分布：原产于亚洲热带及亚热带地区。分布在广东、广西、云南和台湾。

形态特征：乔木，小枝有疏硬毛。叶互生或对生，倒卵状长圆形或椭圆状长圆形，先端钝或具急尖，基部阔楔形或圆形，全缘或呈浅波状。花序托具长梗，簇生在老枝的瘤状短枝上。球形稍扁，脐状突起显明，基部收缩成短柄；花果同形。

生长习性：适合在较潮湿的环境中生长，常见于山沟等地区。

黄毛榕

科属 桑科榕属

用途 可作园庭观赏植物。

学名 *Ficus fulva* Reinw. ex Bl

产地分布：原产于中国，分布于华南、华东、西南地区。

形态特征：小乔木或灌木。叶互生，纸质，边缘有细锯齿。榕果腋生，圆锥状椭圆形；瘦果斜卵圆形。

生长习性：生于溪边、山谷林中，喜半阴、湿润环境。

粗叶榕
（五指毛桃、土黄芪）

科属 桑科榕属

以根入药，有健脾化湿、行气化痰、舒筋活络等功效。

学名 *Ficus hirta* Vahl

产地分布：原产于中国，分布于福建、广东、广西、贵州、云南等地。

形态特征：灌木或小乔木，全株具贴伏短硬毛和白色乳汁。根浅黄色，皮柔韧，有香气；茎直立，很少分枝。叶互生，长椭圆披针形或广卵形。花果同形，球状、成对腋生，成熟时由红变黑。

生长习性：喜湿润，对土质的要求不高，在不同的土壤也能生长。

大琴叶榕

科属 桑科榕属

学名 *Ficus lyrata* Warb.

产地分布：原产于热带非洲，分布于中国华南、华中、华东地区。

形态特征：小灌木。叶纸质，提琴形或倒卵形，背面叶脉有疏毛和小瘤点。榕果椭圆形或球形。花期6~7月；果期10~11月。

生长习性：生于山地、旷野或灌丛林下。

用途 茎皮纤维可制人造棉和造纸。根及叶可入药。亦可作园庭绿化树种。

细叶榕
（小叶榕）

科属 桑科榕属

用途 宜作行道树或庭院绿化树种。

学名 *Ficus microcarpa* L.f.

产地分布：原产于中国，广泛分布于中国南方。

形态特征：常绿乔木。树冠广阔而浓密；枝条扩展，多分枝，无数纤幼成流苏状的气根，从枝条垂下后形成新树干。叶互生，单叶，呈椭圆形。

生长习性：对土质的要求不严，在不同的土壤也能生长。生于山地、旷野或灌丛林下。

黄金榕

（黄叶榕、黄心榕）

科属 桑科榕属

学名 *Ficus microcarpa* L.f.'Golden Leaves'

产地分布：产于中国台湾及华南地区，东南亚及大洋洲也有分布。

形态特征：常绿小乔木。树冠广阔，树干多分枝。单叶互生，叶形为椭圆形或倒卵形，叶表光滑，叶缘整齐，叶有光泽，嫩叶呈金黄色，老叶则为深绿色。球形的隐头花序，其中有雄花及雌花聚生。桑科的果实中，常有寄生蜂寄生其中。几乎拥有榕树的一切特征：开隐头花、有须根、叶小而富蜡质，唯一不同的是它叶子的颜色。黄金榕的叶子是黄金绿色的，这也是它名字的由来。

生长习性：喜光，不耐阴，喜温暖湿润的气候及酸性土壤；耐涝，抗污染能力强。

用途 适作行道树、园景树、绿篱树或修剪造型，可构成图案、文字。

琴叶榕

科属 桑科榕属

用途

室内观叶植物。国内外较为流行的装饰会场，也可用于布置大厅，盆栽适于，叶片奇特，挺拔潇洒，株型高大。

学名 *Ficus pandurata* Hance

产地分布：分布于中国华南、华中、华东等地区。泰国、越南也有分布。

形态特征：灌木或乔木。小枝、嫩叶幼时被白色柔毛。叶纸质，提琴形或倒卵形；叶柄疏被糙毛；托叶披针形，迟落。榕果单生于叶腋，鲜红色，椭圆形或球形，顶部脐状凸起。花期 6~8 月。

生长习性：生于山地、旷野或灌丛林下。

菩提树

（思维树、毕钵罗树、觉树）

科属 桑科榕属

学名 *Ficus religiosa* L.

产地分布：原产于印度、缅甸、斯里兰卡。中国南方广泛引种。

形态特征：落叶性乔木。树冠巨大。单叶互生，心形或三角状阔卵形，全缘波状；卵圆形或三角状心形；花期7~10月；隐花果腋出双生。榕果扁球形。此树的根压大得惊人，在早晨可以见到树叶分泌出水由叶尖滴下。

生长习性：喜光，喜温暖至高温多湿气候，抗风，抗大气污染，耐干旱，对土质要求不高。萌发力强，移植易成活。

用途 树冠广阔，树姿及叶形优美别致，富热带色彩，绿荫效果好，是优美的庭园风景树和行道树。相传佛祖曾坐在此树下得道成佛，故该树在印度、缅甸被视为神圣之树。

舶梨榕

（竹叶牛奶子）

科属 桑科榕属

学名 *Ficus pyriformis* Hook. & Arn.

产地分布：原产于中国，分布于福建、湖南、广东、广西、四川、贵州、云南等地。

形态特征：灌木，高1~2m；小枝被糙毛。叶纸质，倒披针形至倒卵状披针形，表面光绿色，背面微被柔毛和细小疣点；叶柄被毛；托叶披针形，红色，无毛。榕果单生叶腋，梨形，无毛，有白斑。雄花生内壁口部，披针形，花药卵圆形。子房球形，花柱侧生；雌花生于另一植株榕果内壁，子房肾形，花柱侧生，细长。瘦果表面有瘤体。花期12月至翌年6月。

生长习性：常生于溪边林下潮湿地带。

用途 茎煎汤，有清热利尿、止痛功效，用于治疗发热、水肿、胃痛。

变叶榕

科属 桑科榕属

用途 根可药用，能补脾健胃，祛风、去湿。

学名 *Ficus varioiosa* Lindl.ex Benth.

产地分布：原产马来西亚至中国东南部。

形态特征：灌木。叶具短柄，近革质，长圆形至倒披针形，边全缘而背卷。花托腋生，具柄，球形，生于花序柄之顶，三角形卵状，基部合生，花果同形。花期6~7月。

生长习性：喜湿润，对土质的要求不高，在不同的土壤也能生长。

大叶榕

（黄桷树、黄葛榕）

科属 桑科榕属

学名 *Ficus virens* Ait. var. *sublanceolata* (Miq.) Cornet

产地分布：原产于中国，分布于亚洲南部以及大洋洲等地。

形态特征：落叶大乔木。叶互生，网脉较明显；托叶广卵形。花序单生或成对腋生或生于已落叶的枝上，成熟时黄色或红色。

生长习性：喜光，耐热，耐贫瘠，生长快，抗污染。

用途

木材暗灰色，质轻软，纹理美而粗，可作器具、农具等用材。茎皮纤维可代黄麻作编绳用。可作行道树及风景树。

青果榕（白肉榕）

科属 桑科榕属

学名 *Ficus variegata* Blume

产地分布：分布于中国广东、广西。越南、老挝等国也有分布。

形态特征：乔木。树皮灰色，平滑。小枝灰褐色，无槽纹。叶革质，椭圆形至长椭圆状披针形，先端钝或渐尖，基部楔形，表面深绿色，有光泽，背面浅绿色，干后黄绿或灰绿色，全缘或为不规则分裂，侧脉两面凸起，网脉在表面甚明显；托叶卵形。雌雄同株，榕果球形，成熟时黄色或黄红色，基部缢缩为短柄。基生苞片3片，脱落；雄花少数，生于内壁口部，具短柄，花被3~4深裂；子房倒卵圆形，花柱光滑，柱头2裂。瘦果光滑，通常在顶一侧有龙骨。花、果期5~7月。

生长习性：生于山谷沟边林中。

用途：可作庭荫树、行道树。

笔管榕

科属 桑科榕属

学名 *Ficus superba* (Miq.) Miq. var. *japonica* Miq

用途

园庭观赏植物。

产地分布：原产于中国，分布于华南、华东及西南地区。

形态特征：落叶乔木。叶互生或簇生，近纸质，椭圆形或长圆形。榕果单生或曾对或簇生于叶腋或生无叶枝上，扁球形，成熟时呈紫黑色。

生长习性：喜光喜湿润，生于沟谷林中。

对叶榕

（牛奶树）

科属 桑科榕属

学名 *Ficus hispida* L. f.

用途

根部、树皮、叶片和果实均可入药。

产地分布：原产于中国广东、海南、广西、云南、贵州等地。

形态特征：本地原产常绿乔木，全株植物含有白色乳汁。叶成对对生。叶片的叶质粗糙，叶面及叶背均披有坚硬的毛；叶的边沿有小锯齿，近叶端处锯齿较多。花果同形；每年有四次果期，果实生长于主干或枝条侧生的嫩枝上，初时呈绿色，到成熟时转为黄色。

生长习性：喜湿润，对土质的要求不高，在不同的土壤均能生长。

苎麻
（家苎麻、白麻、圆麻）

科属 荨麻科苎麻属

学名 *Boehmeria nivea* (L.) Gaudih.

产地分布：广泛分布于中国南部各地。

形态特征：半灌木。茎、花序和叶柄密生短或长柔毛。叶互生，宽卵形或近圆形，表面粗糙，背面密生交织的白色柔毛。花雌雄同株，团伞花序集成圆锥状，雌花序位于雄花序之上。瘦果椭圆形。花果期7~10月。

生长习性：喜光，喜温暖、湿润环境，耐旱，甚耐寒。

用途

茎皮纤维长，柔韧，色白。一皱一缩，拉力强，富弹性，耐水湿，耐热力大，富绝缘性，为优良纺织原料，用途较广。根供药用，为利尿通淋解热药，并有安胎作用，治腹痛、下血等症。茎、叶可提苎麻浸膏，止血效果较好。全草含丁二酸（琥珀酸）、原儿茶酸及酚类物质。

糯米团

（糯米藤、糯米条、红石藤、蔓苎麻）

科属 荨麻科糯米团属

用途

根及全株入药，能抗菌消炎、消疾消肿、健脾胃、止血，治疗疮疤毒、腹泻、痢疾、白带、跌打损伤、外伤出血等。茎皮纤维可制人造棉。；全草可作牧草。

学名 *Gonostegia hirta* (Bl.) Miq.

产地分布：原产于中国，分布于广东、广西、福建、湖南、云南、台湾。

形态特征：多年生草本，茎匐匐或倾斜，有柔毛。叶对生，长卵形成卵状披针形。花雌雄同株，形小，淡绿色，簇生于叶腋。瘦果卵形，黑色，完全为花被管所包裹。花果期5~9月。

生长习性：喜光，喜温暖多湿环境，耐半阴，耐旱。

梅叶冬青

（假冬青、岗梅）

科属 冬青科冬青属

用途

宜作庭院绿化树。中医称岗梅根，味苦、微甘、性凉，有清热解毒的功效，为广东凉茶二十四味用材之一。根、叶可入药，

学名 *Ilex asprella* (Hook. et Arn.) Champ. Ex Benth.

产地分布：原产于中国，主要分布于中国南部。

形态特征：灌木或小乔木。叶具柄，膜质，卵形，边缘有小锯齿。光亮花瓣，白色，花期4月。果小，球形。

生长习性：喜温暖气候，有一定耐寒力。适生于肥沃湿润、排水良好的酸性壤土。较耐阴湿，萌芽力强。

毛冬青
（细叶冬青、山冬青、毛披树）

科属 冬青科冬青属

学名 *Ilex pubescens* Hook. Et Arn.

产地分布：原产于中国，分布于中国东南部。

形态特征：常绿灌木。根粗壮，淡黄色；小枝呈四棱形，密被短毛。单叶互生，叶柄短，密生短毛，叶片膜质或纸质，卵形、椭圆形或卵状长椭圆形。雌雄异株，花序簇生，花粉红或白色，雄花单生。核果浆果状，球形，熟时红色。花期5~7月；果期7~8月。

生长习性：喜光，也颇耐阴。喜温暖湿润气候及酸性土壤，耐水湿。

铁冬青

（救必应、白银树、万紫千红）

科属 冬青科冬青属

学名 *Ilex rotunda* Thunb.

产地分布：原产于中国，主要分布于长江流域及以南各地。

形态特征：常绿小乔木。树皮淡绿灰色而平滑，内皮黄色；茎枝灰绿色，圆柱形，有棱；单叶互生，叶片椭圆形或卵圆形，先端短尖。花单性，雌雄异株，伞形花序腋生，雌花芳香。浆果状核果熟时红色。

生长习性：喜光，喜温暖湿润气候，耐半阴，耐瘠薄，耐霜冻，抗风，适应性强，抗大气污染。

用途
树叶厚而密，湖边或开阔地种植此树，能形成荫蔽的环境，又能产生多层次丰富景色的效果，是理想的园林观赏树种。

三花冬青

科属 冬青科冬青属

用途 根可入药，可清热解毒。

学名 *Ilex triflora* Bl.

产地分布：原产于中国，分布于福建、广东、广西、贵州、云南等地。

形态特征：常绿灌木或小乔木。小枝有短柔毛；叶片亚革质，矩圆状椭圆形，边缘细锯齿，下面具腺点。雌雄异株，花序簇生，雄花序分枝有1~3朵花，雌花序分枝有单花。果球形或椭圆形，本种果实通常簇生于二年生枝的叶腋处，稀单生一年生枝上，与亮叶冬青、钝齿冬青、四川冬青可以区别。

生长习性：喜温暖气候，有一定耐寒力。适生于肥沃湿润、排水良好的酸性壤土。较耐阴湿，萌芽力强。

中华卫矛

科属 卫矛科卫矛属

学名 *Euonymus nitidus* Benth.

产地分布：原产于中国，分布于广东、海南、广西。

形态特征：灌木或乔木。叶片革质，卵状椭圆形至长圆披针形。花白色或黄绿色。蒴果三角状卵圆形。

生长习性：生于山地林中，喜湿润，较耐荫蔽。

甜果藤

科属 茶茱萸科甜果藤属

用途 以根或藤茎入药，祛风除湿，调经活血，止痛。

学名 *IMappianthus iodoides* Hand.-Mazz.

产地分布：原云南、贵州、广西、广东、湖南。

形态特征：木质藤本。具粗壮卷须；幼枝褐黄色，有棱，密被糙伏毛，老枝灰色，具灰白色皮孔，渐无毛。叶长椭圆形，顶端骤尖，基部狭或稍钝，干时腹面暗绿色，被疏糙伏毛，侧脉每边5~6条，上面平坦，网脉两面明显。雄花序腋生，被糙伏毛；花黄色，有微香。核果，被疏糙伏毛，多浆，内果有纵条纹。花期4~7月；果期7~11月。

生长习性：生于林中，常攀缘于树上。

青皮木

（细叶冬青、山冬青、毛披树）

科属 铁青树科青皮木属

根、树枝、叶入药，可治湿热黄疸、风湿痹痛、跌打损伤、骨折等。

学名 *Schowpfia jasminodora* Sieb. et Zuce.

产地分布：原产于中国广东粤北地区。分布于陕西、甘肃、河南三省及长江流域以南各地。日本也有分布。

形态特征：落叶小乔木或灌木，高3~14m。树皮灰褐色，具短枝，新枝自去年生短枝上长出，嫩时红色，老枝灰褐色，干时栗褐色。叶纸质，卵形或长卵形，先端近尾尖或渐尖，基部圆形，稀微凹或宽楔形，叶面绿色，背面淡绿色，干时正面黑色，背面淡黄褐色；叶脉略呈红色；叶柄红色。花无梗，排成螺旋状的聚伞花序，红色；花冠钟形，白色或淡黄色，有香味，裂片外卷，花冠内面在雄蕊的下部各有一束丝状毛；柱头通常伸出花冠外。果椭圆形至长圆形，熟时紫红色。花、叶同放。花期3~5月；果期4~6月。

生长习性：生长在山谷、沟边、山坡等密林或疏林中的湿润地方。

麦珠子
（朦朦木）

科属 鼠李科麦珠子属

学名 *Alphitonia philippinensis* Braid.

产地分布：原产于热带地区，分布于中国广东、海南。

形态特征：常绿乔木。幼枝被锈色绒毛。叶互生，厚纸质，卵状长椭圆形，顶端短渐尖，基部圆形或截形，全缘或波状。聚伞花序组成腋生聚伞总状或聚伞圆锥花序。蒴果状核果，球形。

生长习性：喜光喜温暖，生于丘陵或山地疏林中。

用途 优良的速生造林树种；木材结构细致，是制作家具的良好用材。

雀梅藤

科属 鼠李科雀梅藤属

用途 果实可食。树桩可作盆景。

学名 *Sageretia thea* (Osbeck) Johnst.

产地分布：原产于中国，分布于长江以南各地。

形态特征：灌木。枝常攀缘状，无刺或有刺。叶近对生，羽状脉。花极小，无柄，排列成腋生的聚伞状穗状花序。果球形，革质，上开裂。

生长习性：喜半阴潮湿环境，多见于山野灌丛中。

滇刺枣
（酸枣、缅枣）

科属 鼠李科枣属

用途

材质坚硬，纹理致密，适于制作家具和工业用材。果实可食。树皮供药用，有消炎生肌之功效，治烧伤。叶含单宁，可提取栲胶。

学名 *Ziziphus mauritiana* Lam.

产地分布：原产于中国，分布于云南、四川、广东、广西。

形态特征：常绿乔木或灌木。幼枝被黄色密绒毛，小枝被短绒毛，老枝紫红色，有2个托叶刺，1个斜上，另1个钩状下弯。叶纸质，卵形或矩圆状椭圆形，边缘具细齿，叶面深绿，无毛，无光泽，叶背被黄色或白色绒毛。花绿黄色。核果长圆形或球形，橙色或红色成熟时变黑色。

生长习性：喜光喜湿润，生于山坡、丘陵、河边湿润林中或灌丛中。

学名 *Elaeagnus gonyanthes* Benth.

产地分布：原产于中国，分布于广东和华中、华东地区。

形态特征：常绿直立或蔓生灌木；嫩枝密被深朱红色鳞片。叶纸质或近革质，椭圆形、倒卵形或菱状披针形。花单生于叶腋或簇生短总梗上；白色或淡黄色，有香气。

生长习性：喜光，耐半阴，喜温暖气候，稍耐寒。对土壤适应性强，耐干旱贫瘠，耐水湿，耐盐碱，抗空气污染。

角花胡颓子

科属 胡颓子科胡颓子属

用途 果熟时味甜可食。根、叶、果实均供药用，果可食用。

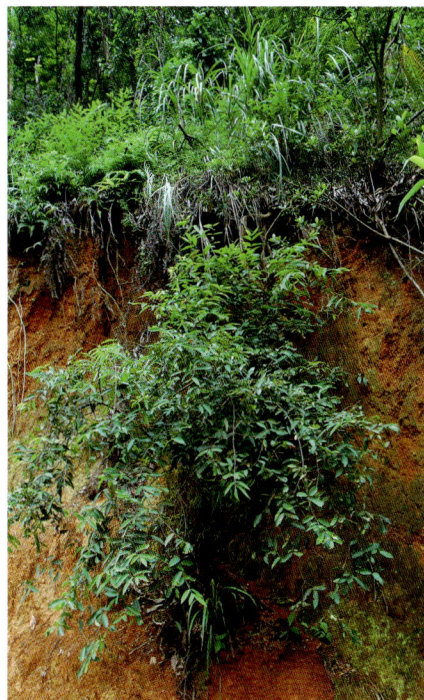

学名 *Tetrastigma planicaule* (Hook.) Gagnep.

产地分布：原产于中国，分布于福建、广东、广西、贵州、云南。

形态特征：大木质藤本。全部无毛。茎扁，分枝圆柱形；卷须粗壮，上分枝。叶为掌状复叶，边缘有稀疏的钝锯齿，无毛或近无毛。复伞形聚伞花序腋生；花小，绿色，花瓣宽卵状三角形。浆果较大，球形。

生长习性：喜半阴，喜温暖湿润气候，生山谷密林中。

扁担藤

科属 葡萄科崖爬藤属

用途 藤茎药用，有祛风湿之效。

降真香
（紫藤香、降真、降香）

科属 芸香科山油甘属

学名 *Acronychia pedunculata* (L.) Miq.

产地分布：原产于中国，分布于广东、广西、云南。

形态特征：常绿乔木。树皮平滑，小枝绿色。单叶对生，纸质。聚伞花序腋生，常生于枝的近顶部，白色。核果黄色。

生长习性：喜光，喜温暖湿润气候。

用途 叶、枝含芳香油，可作化妆品原料，树皮提栲胶。根、叶、果及木材入药，能行气活血、健脾止咳。

棟叶吴茱萸

（山苦楝、假苦楝、鹤木）

科属　芸香科吴茱萸属

学名 *Evodia glabrifolia* (Champ. ex Benth.) Huang.

产地分布：原产于中国，分布于广东、广西、云南。

形态特征：落叶乔木。树皮灰褐色，上裂；除果瓣两侧面外各部分均无毛。小叶卵形或披针形，两端尖，边缘近全缘，常波浪状起伏。花序顶生，花瓣白色。花期 7~8 月；果期 11~12 月。

生长习性：喜光，喜温暖湿润气候，适宜偏酸性土壤。

用途

季相变化树种之一，宜作庭院绿化树；木材有酸辣气味，环孔材、心边明显，材质较轻，商品名为擦木。根、叶和果可作草药，有止痛、消积的功效。

三桠苦

（三叉苦、鸡骨树）

科属 芸香科吴茱萸属

学名 *Evodia lepta* (Spreng.) Merr.

产地分布：分布于中国南部。

形态特征：灌木或小乔木。叶为指状复叶，有小叶3枚，长圆形，有近对生而扩展的分枝。花序柄短，边全缘，两面均秃净，花序腋生，有近对生而扩展的分枝，花小，白色。果球形。

生长习性：喜光，喜温暖湿润气候，适宜偏酸性土壤。

用途 二十四味凉茶成份之一，味苦性寒，清热解毒。

九里香

科属 芸香科九里香属

学名 *Murraya exotica* (L.) Jack

产地分布：产于中国云南、贵州、湖南、广东、广西、福建、台湾等地。

形态特征：灌木。奇数羽状复叶互生，小叶卵形或近菱形，全缘。聚伞花序，花白色，极香。浆果近球形，朱红色，10月至翌年2月果熟。

生长习性：喜光，稍耐阴。喜温暖气候，耐寒，北方多行盆栽，冬季室温不得低于5℃。适生于深厚肥沃而排水良好的土壤。

用途

树姿优美，枝叶秀丽，花香宜人，四季常青。可在园林绿地中丛植、孤植或植为绿篱。寒地可作盆栽观赏。

勒欓
（鸟不企、鹰不泊）

科属 芸香科花椒属

用途 以根、叶与果入药，具祛风利湿、活血止痛之功效。

学名 *Zanthoxylum avicennae* (Lam.) DC.

产地分布：原产于中国，分布于福建、广东、广西。

形态特征：小乔木。干和枝有皮刺，皮刺三角形，红褐色；单数羽状复叶，小叶倒卵状长圆形或为上对称的菱形。伞房状圆锥花序，淡青色。果紫红色，有粗大腺点。

生长习性：喜光，喜温暖湿润环境，较耐阴。

两面针
（光叶花椒、入地金牛）

科属 芸香科花椒属

用途 叶和果皮可提芳香油；种子油供制肥皂用；根、茎、叶入药。能散瘀活络、祛风解毒。

学名 *Zanthoxylum nitidum* (Roxb.) DC.

产地分布：原产于中国，分布于广东、广西、福建、湖南、云南、台湾。

形态特征：木质藤本。茎、枝、叶轴下面和小叶中脉两面均着生钩状皮刺。单数羽状复叶对生，革质，卵形至卵状长圆形，无毛，上面稍有光泽。伞房状圆锥花序，腋生。果成熟时紫红色，有粗大腺点，顶端正具短喙。

生长习性：喜光，喜温暖多湿气候，较耐干旱，对土壤要求不严。

花椒簕

科属 芸香科花椒属

学名 *Zanthoxylum scandens* Bl.

产地分布：原产于中国，分布于长江以南各地。

形态特征：木质藤本。茎枝上的皮刺成水平方向或略弯向下直出。单数羽状复叶，小叶对生或近对生，坚纸质到革质。伞房状圆锥花序，腋生，花单性。果成熟时，红色或褐红色，微皱，密生较粗大腺点，顶端有短喙。

生长习性：喜半阴潮湿环境，多见于山野灌丛中。

用途 种子油可作润滑油和制肥皂。

岭南臭椿

（地棉皮、山豆了、九信草、南岭荛花）

科属　苦木科观臭椿属

用途　宜作行道树及庭园绿化树种，对二氧化硫有抵抗能力。

学名 *Ailanthus triphysa* (Dennst.) Alston

产地分布：原产于福建、广东、广西、云南等地。

形态特征：常绿乔木。羽状复叶，小叶卵状披针形长圆状披针形。圆锥花序腋生，花萼外被短绒毛。翅果，两端稍钝。花期10~11月；果期1~2月。

生长习性：喜光，喜温暖多湿润环境。

乌榄

（木威子、黑榄）

科属 橄榄科橄榄属

用途

果实能生食，种子即"榄仁"，可榨油食用，制肥皂及润滑油。核壳可制活性炭，木材可作建筑、农具及家具等用材。株型美丽，宜为庭院绿化树种。

学名 *Canarium pimela* K. D. Koenig

产地分布：原产于中国广东、广西、海南、云南。

形态特征：常绿乔木。单数羽状复叶，小叶长圆形或卵状椭圆形。圆锥花序顶生或腋生。核果卵圆形至椭圆形，两端钝，成熟时紫黑色。

生长习性：喜光，喜温暖湿润环境，生长迅速。

四季米仔兰

科属 棟科米仔兰属

用途

现全国各地都用作盆栽，既可观叶又可赏花。小小黄色花朵形似鱼子，因此又称为鱼子兰。醇香诱人，为优良的芳香植物，开花季节浓香四溢，可布置会场、门厅、庭院及家庭装饰。落花季节又可作为常绿植物陈列于门厅外侧及建筑物前。

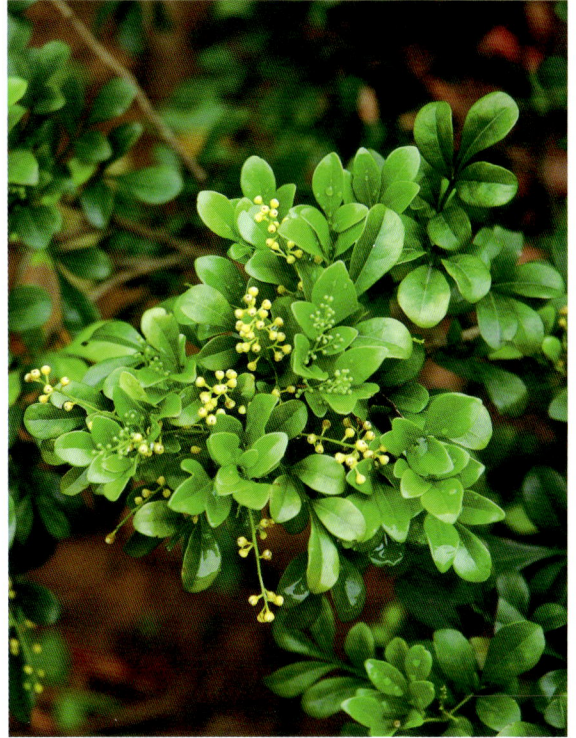

学名 *Aglaia duperreana* Pierre

产地分布：原产于中国，主要分布于中国华南地区。

形态特征：常绿灌木。奇数羽状复叶，革质有光泽。圆锥形花序着生新梢的叶腋，花黄色、芳香，盛花期在夏季。常栽培的变种四季米兰叶小于米兰，花朵密集，可连续开花，花期较长。

生长习性：喜温暖，忌严寒，喜光，忌强光直射，稍耐阴。宜肥沃富有腐殖质、排水良好的壤土。

苦楝
（楝树、紫花树、楝枣子）

科属 楝科楝属

学名 *Melia azedarach* L.

产地分布：在中国分布很广，黄河流域以南、华东及华南等地皆有栽培。

形态特征：落叶乔木。树冠宽阔而平顶，皮孔多而明显。叶互生，小叶卵形至椭圆形，边缘具钝尖锯齿，深浅不一。圆锥状复聚伞花序腋生，花淡紫色，有香味。核果近球形，熟时黄色，宿存枝头，经冬上落。花期4~5月；果熟期10~11月。

生长习性：强阳性树，耐荫蔽，喜温暖气候，对土壤要求严；耐干旱；在积水处则生长良，梢端易受冻害。

用途

枝叶秀丽，花淡雅芳香，又耐烟尘，抗污染并能杀菌。适宜作庭荫树、行道树、疗养林的树种，也是工厂绿化、四旁绿化的好树种。

无患子
（洗手果、木患子）

科属 无患子科无患子属

学名 *Sapindus saponaria* L.

产地分布：原产于中国，产于长江流域及其以南各地。

形态特征：落叶乔木。树冠广卵形或扁球形；树皮灰白色，平滑上裂。偶数羽状复叶，互生或近对生，卵状披针形或长椭圆形。5~6月开花，圆锥花序，顶生，花黄白色或带淡紫色。核果近球形，9~10月果熟，熟时黄色或橙黄色。

生长习性：喜光，稍耐阴。喜温暖、湿润环境，略耐寒。适应性强，对土壤的要求不严，深根性，抗风力强。萌芽力弱，不耐修剪。

用途

树冠开展，枝叶稠密，秋叶金黄，颇为美观。是优良的庭荫树和行道树。孤植、丛植在草坪、路旁和建筑物旁都很合适。若与其他秋色叶树种及常绿树种配植，更可为园林秋景增色。

伯乐树

（山桃树）

科属 伯乐树科伯乐树属

用途 中国特有的、古老的单种科和残遗种，国家Ⅰ级重点保护植物。适应能力强，生长迅速，是理想的风景园林和用材树种。

学名 *Bretschneidara sinensis* Hemsi.

产地分布：原产于中国，日本及印度。中国贵州、广西、广东、湖南、福建、江西、安徽、浙江等地均有分布。

形态特征：乔木。树体雄伟高大，主干通直，出材率高，在阔叶树中十分少见。花大，顶生总状花序，粉红色，非常可爱。蒴果梨形，暗红色。5~6月开花；10~11月果熟。

生长习性：喜光，喜温暖多湿润环境。

岭南槭

科属　槭树科槭树属

学名 *Acer tutcheri* Duthie

产地分布：原产于中国，分布于华南、华中及西南地区。

形态特征：落叶乔木。树皮褐色。小枝纤细，无毛，嫩枝绿色或紫绿色；冬芽卵形。叶纸质，轮廓阔卵形，基部圆或近截平；裂片三角状卵形，边缘有疏而锐利的锯齿，有时近基部全缘，两面无毛或下面脉腋内有簇毛。圆锥花序顶生；萼片4枚，黄绿色，卵状长圆形，钝头；花瓣4枚，淡黄白色，倒卵形；雄蕊8枚；子房密被白色长柔毛。翅果初为淡红色，后变淡黄色，成钝角张开。花期春季；果熟期秋初。

生长习性：喜阳，喜温暖环境。

用途
具较高的观赏性，可作庭园观赏植物。

学名 *Sabia limoniacea* Wall. var. *ardsoides* (Hook. et Ann.) L. Chen

毛萼清风藤

科属 清风藤科清风藤属

用途

根、茎、叶均入药，具有祛风除湿、止痛之功效，常用治风湿关节痛、跌打损伤疼痛等，鲜叶既可内服治腰痛，又可外用作止血药。

产地分布：原产于中国广东省北部至海南岛。广布于福建、广西。

形态特征：常绿、攀缘灌木。无毛；幼枝绿色，具浅纵纹，二年生枝褐色，具薄白蜡层。叶革质，长圆形、椭圆形、卵状椭圆形或披针形。聚伞花序有花2~3朵；花瓣5，淡绿色，倒卵形或椭圆状卵形；雄蕊5，上等长，花丝扁平，上端向内弯；花盘杯状，5浅裂；子房圆锥形，无毛。果斜圆形或近肾形，无毛，有上明显的窝孔。

生长习性：生长于林中、山谷小溪边，攀缘树或岩石。

野鸦椿

科属 省沽油科野鸦椿属

学名 *Euscaphis japonica* (Thunb.) Dippel

产地分布：原产于中国，分布于中国南方各地。

形态特征：落叶小乔木或灌木；树皮灰褐色，具纵条纹，小枝及芽红紫色。叶对生，奇数羽状复叶。圆锥花序顶生，花梗长，花多。果皮软革质，红色，种子近圆形，假种皮肉质，黑色，有光泽。

生长习性：喜环境湿度大、日照时间短，土壤肥沃、疏松、排水良好的典型的山区环境条件。

用途 具有观花、观叶和赏果的效果。

人面子

科属 漆树科人面子属

用途 材质重，纹理细密，耐朽，可作建材或做家具。果实可食用。

学名 *Dracontomelon duperreanum* Pierrs

产地分布：原产于中国，中国华南地区、越南、印度、泰国、马来西亚等国均有分布。

形态特征：常绿大乔木。叶互生，羽状复叶，小叶1~17枚，小羽片互生，近革质，长圆状披针形。圆锥花序顶生，花白色。核果扁球形。

生长习性：喜光，喜高温多湿气候，适应性颇强，耐寒，抗风，抗大气污染。甚耐旱，宜植于土层深厚、湿润、肥沃的土壤。

扁桃

科属 漆树科芒果属

用途 树干通直，高大常绿，树冠呈球形，枝繁叶茂，是优良的庭园风景树和行道树。

学名 *Mangifera persicifomis* C. Y. Wu et T. L. Ming

产地分布：原产亚洲南部，中国华南地区均有分布。

形态特征：常绿乔木。叶聚生于枝顶，狭披针形或披针形。圆锥花序顶生，花杂性，黄绿色，春季开花。肉质核果近圆形，略扁，夏季成熟，成熟时淡黄色。

生长习性：喜光，喜高温多湿气候，适应性颇强，抗风，抗大气污染。耐寒，幼树稍耐阴。适宜植于肥沃、排水良好和日照充足的土壤。

学名 *Rhus chinensis* Mill.

产地分布：中国除黑龙江、吉林、内蒙古、新疆外，其余各地均有分布。

形态特征：落叶灌木至小乔木。叶互生，奇数羽状复叶，小叶边缘有粗锯齿，背面粉绿色，有柔毛。圆锥花序顶生。果序直立；核果，球形，被腺毛和具节柔毛，成熟后红色。

生长习性：喜温暖湿润气候，也能耐一定寒冷和干旱。对土壤要求不严，耐瘠薄，不耐水湿。根系发达，有很强的萌蘖性。

科属 漆树科盐肤木属

盐肤木
（盐肤子、五倍子树）

用途
中国主要经济树种，可供制药和作工业染料的原料。其皮部、种子还可榨油。在园林绿化中，可作为观叶、观果的树种。

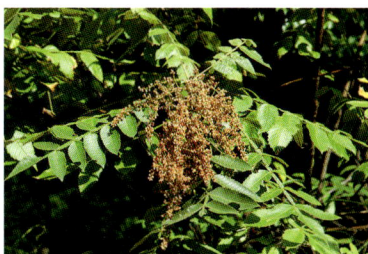

岭南酸枣
（金斗）

科属 漆树科槟榔青属

用途

树冠宽阔，树姿婆娑，开花时，白花与绿叶相辉映照，色彩协调素雅，为良好的庭园风景树和绿荫树。果可食；种子可榨油；木材适作家具。

学名 *Spondias lakonensis* Pierre.

产地分布：原产于中国广西、广东、海南、福建。

形态特征：落叶小乔木。单数羽状复叶，小叶近对生或互生。圆锥花序生于上部叶腋内，花冠乳白色。核果肉质，近球形，熟时红色，花期5~7月；果期8~10月。

生长习性：喜光，喜高温多湿气候。生长迅速，适应性颇强，抗风力差，对土质选择严。

野漆树

（染山红、山漆、漆柴、毛叶漆）

科属　漆树科漆属

学名 *Toxicodendron sylvestris* (Sieb. et Zuce) Tard.

产地分布：分布在中国华东、华南、西南等地区。

形态特征：落叶小乔木或灌木。顶芽粗大；叶螺旋状互生，密集于枝端，嫩叶红色，小叶对生，长椭圆状披针形或广披针形。圆锥花序腋生。核果扁平，斜菱状圆形，淡黄色。

生长习性：喜温暖湿润气候，也能耐一定寒冷和干旱。对土壤要求不严，耐瘠薄，耐水湿。

用途

叶和茎皮含鞣质，可提取栲胶；果皮含蜡质，可制蜡烛、种子油可制肥皂。根、叶和果供药用，能解毒、止血、散瘀、消肿，主治跌打损伤。

小叶红叶藤

（红叶藤、牛见愁）

科属　牛栓藤科红叶藤属

用途　嫩叶红色，具有较高的观赏价值。

学名 *Rourea microphylla (Hook. & Am.) Planch.*

产地分布：原产于中国，分布于越南至中国南部。

形态特征：藤状灌木。多分枝，小叶卵形至卵状长圆形，先端渐尖而钝，基部常偏斜，两面均秃净，上面光亮，背稍为粉绿色，幼叶呈红色。总状花序丛生于叶腋内，花白色，芳香，秋季开花。蒴果。

生长习性：喜光，喜温暖湿润环境。耐半阴，对土质要求不严。

黄杞

科属　胡桃科黄杞属

用途　高大常绿，树干通直，树冠呈球形，枝繁叶茂，是优良的庭园风景树和行道树。

学名 *Engelhardia roxburghiana* Wall.

产地分布：分布于中国华南和西南地区。中南半岛也有分布。

形态特征：常半常绿乔木，高达 10m。小枝紫褐色或黑褐色。叶为偶数羽状复叶，长椭圆状披针形至长椭圆形，全缘，顶端渐尖，基部歪斜，两面具光泽。雌雄同株或稀异株；常形成顶生的圆锥状花序束，顶端为雌花序，下方为雄花序，或雌雄花序分开则雌花序单独顶生。坚果球形，外果皮膜质，内果皮骨质，3 裂的苞片托于果实基部。花期 5~6 月；果期 8~9 月。

生长习性：生枝叶茂密，树体高大，适宜在园林绿地中栽植。

香港四照花

科属 山茱萸科四照花属

学名 *Dendrobenthamia hongkongensis* (Hemsl.) Hutch.

产地分布：原产于中国，分布广东、广西等地。

形态特征：常绿乔木。主杆明显，分枝和叶片密集，树形优美。嫩叶粉红色或浅黄色后转绿色，冬季及早春叶紫红色。花序米黄。果实球形，黄色转红色即成熟，可食又酿酒。花期5~6月；果期11~12月。

生长习性：喜温暖湿润气候，有一定耐寒力。

用途

集观叶、观花、观果于一体的优良景观绿化材料；尤其是冬季及早春全树紫红色，极其壮观，是极具开发前景的乡土彩叶树种，为景观绿化的新优树种。

毛八角枫

科属　八角枫科八角枫属

用途　种子可榨油，供工业用。

学名 *Alangium kurzii* Craib.

产地分布：分布于中国江苏、安徽、浙江、江西、湖南、广东、海南、广西、贵州等地。缅甸、越南、泰国等也有分布。

形态特征：落叶小乔木，高5~10m；树皮深褐色，平滑；小枝近圆柱形。叶互生，纸质，近圆形或阔卵形，上面幼时叶脉有微柔毛，下面有黄褐色丝状微绒毛；叶柄有黄褐色微绒毛。聚伞花序；花萼漏斗状，上部开花时反卷，外面有淡黄色短柔毛，内面无毛，初白色，后变淡黄色；花盘近球形，微呈裂痕，有微柔毛；花柱圆柱形。核果椭圆形或矩圆状椭圆形，幼时紫褐色，成熟后黑色。花期5~6月；果期9月。

生长习性：生地低海拔的疏林中或路旁。

黄毛楤木

（刺龙包、雀不站、鸟不宿、刺老包）

科属　五加科楤木属

学名 *Aralia decaisneana* Hance

产地分布：原产于中国，分布黄河以南至广东、广西北部、西南、东南各地。

形态特征：小乔木。树皮灰色，疏生粗壮、直的皮刺。小枝、伞梗、花梗密生黄棕色绒毛，小枝疏生小皮刺；二至三回羽状复叶，小叶厚纸质至薄革质，卵形、宽卵形或长卵形，边缘具细锯齿或上整齐的重锯齿。伞形花序组成大型圆锥花序。果球形，熟时黑色。

生长习性：喜生于沟谷、阴坡。耐寒，在阳光充足、温暖湿润的环境下生长更好，喜肥沃而略偏酸性的土壤。多见于杂树林、阔叶林、阔叶混交林或次生林中。

用途　嫩叶可作为蔬菜食用。以根皮和茎皮入药。

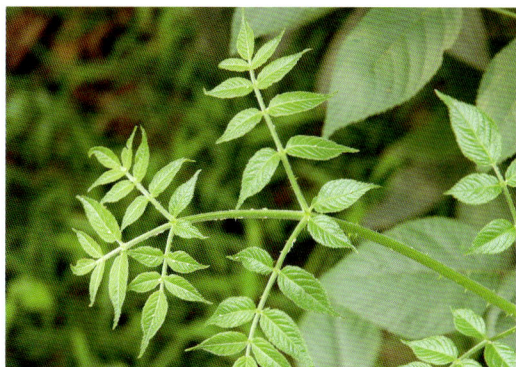

变叶树参

科属 五加科树参属

用途 根及树皮入药，有舒筋活血、祛风除湿之效。

学名 *Dendropanax proteus* (Champ) Benth

产地分布：原产于马来西亚至中国东南部。

形态特征：秃净灌木。叶具短柄，近革质，长圆形至倒披针形，边全缘而背卷。花托腋生，具柄，球形，生于花序柄之顶，三角形卵状，基部合生，花果同形。花期6~7月。

生长习性：喜湿润，对土质的要求不高，在不同的土壤也能生长。

学名 *Dendropanax proteus* (Champ) Benth

科属 **五加科常春藤属**

常春藤

（钻天风、三角风）

学名 *Hedera nepalonsis* K. Koch.var. *sinensis* (Tobl.) Rehd.

产地分布：原产于欧洲、亚洲及北非，广布于中国南部。

形态特征：藤本。茎枝有气生根，幼枝被鳞片状柔毛；叶互生，2裂，革质，具长柄，营养枝上的叶三角状卵形或近戟形，花枝上的叶椭圆状卵形或椭圆状披针表。伞形花序单生或2~7个顶生，花小，黄白色或绿白色。果圆球形，浆果状，黄色或红色。

生长习性：对环境适应性强，栽培管理简易，对土壤要求不严，酸性、碱性土壤均能生长，中性沙壤土最佳。性喜阴，在半阴环境下生长良好。

用途

在解决城市绿化面积问题中，使用藤本植物进行垂直绿化与伏地护坡绿化，优势在于投入少，绿化面积相对大，见效快，绿化效果显著。春秋两季生长迅速，特别适合用于建筑物背阴处、古树密林下、林地护坡等荫蔽环境。

幌伞枫

（大蛇药、五加通、凉伞木）

科属 五加科幌伞枫属

学名 *Heteropanax fragrans* (Roxb.) Seem.

产地分布：原产于印度及孟加拉、印度尼西亚，中国分布于云南（南部）、广西、广东、海南。

形态特征：乔木。三至五回羽状复叶。伞形花序结成广阔、大型的圆锥花序。果球形、卵形或扁球形。

生长习性：喜光，喜温暖湿润气候，耐半阴，耐寒，耐干旱。土质以肥沃、富含有机质的壤土为佳。

用途

树姿优雅，大型多回羽状复叶彷佛张开的雨伞，甚为壮观，为优良的庭园风景树。

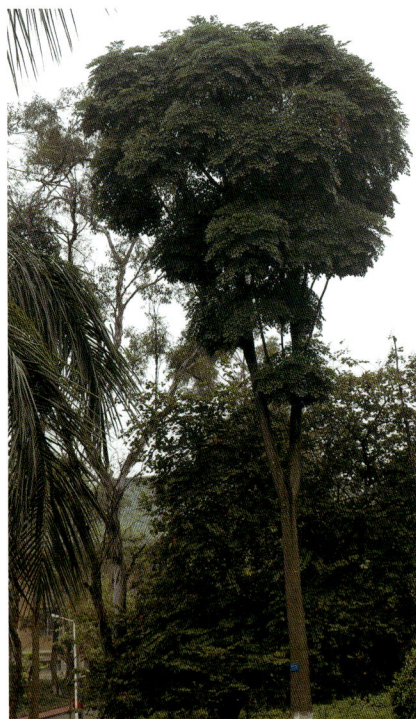

鸭脚木

（鸭脚皮、鹅掌柴、五指通、伞托树）

科属 五加科鹅掌柴属

学名 *Sehefflera heptaphylla* (L.) Frodin

产地分布：原产于中国南沙群岛，云南（南部）、广西、广东（西南部）及海南。

形态特征：常绿乔木或灌木。复叶有小叶6~9片，长圆状披针形。全缘伞形花序多枚组成圆锥花序，顶生，花小白色。花后结圆球形果，熟时紫黑色，有棱。

生长习性：耐阴常绿植物，忌直射阳光。既要光照，又应避免急剧变化的光照。耐寒，耐干旱，抗风。

用途

一般家具、火柴杆、蒸笼、筛斗等用材，根皮及叶可治感冒、流感及其他炎症，浸酒能治跌打损伤。具有较好的水源涵养能力。

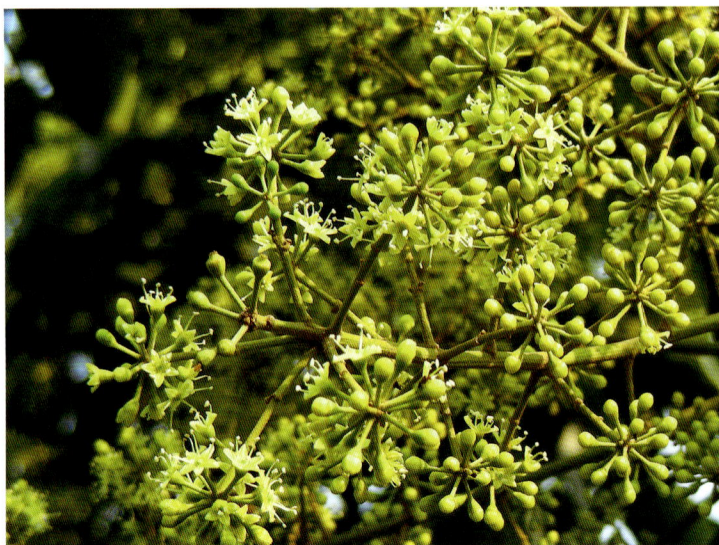

学名 *Centella asiatica* (L.) Urban

产地分布：原产于印度。在中国主要分布于长江以南各省。

形态特征：多年生茎匍匐草本植物。常卷缩成团状，其茎细长，结节生根，密生。叶片圆形或肾形。伞形花序头状，红紫色。

生长习性：较耐寒，喜阴湿环境，在强光和干燥的环境中叶尖焦黄，对土壤要求不严，但在肥沃湿润的土壤中生长良好。

用途　全草入药，有清热利湿，解毒消肿之疗效。

积雪草

（大叶金钱草、崩大碗、缺碗草、马蹄草、雷公根、蛐壳草）

科属　伞形科积雪草属

学名 *Oenanthe javanica* (Bl.) DC.

产地分布：原产亚洲热带，分布几乎遍于全中国。

形态特征：多年生挺水型水生草本植物。茎基匍匐，节上生须根，中空，圆柱形，具纵棱。羽状复叶，边缘有上整齐锯齿。花淡红或白色，小，成复伞形花序。双悬果小，椭圆形，具隆起果棱。

生长习性：生长于低湿地及浅水中。耐寒性强。

水芹

科属 伞形科水芹属

用途 可布置于园林湿地和浅水处。水芹不但可作水生植物栽培，且可作为净水植物，特别可净化含银废水。据测定，水芹在污水中栽培7天，氨氮去除率可达98%。

映山红

（杜鹃花、红杜鹃、艳山红、清明花）

科属 杜鹃花科杜鹃花属

学名 *Rhododendron simsii* Planch.

产地分布：原产于中国，广布于长江流域以南各省。

形态特征：落叶灌木。枝条、苞片、花柄及花等均有棕褐色扁平的糙状毛。叶纸质，卵状椭圆形。花冠鲜红或深红色，宽漏斗状。蒴果卵圆形。花期4~5月；果熟期10月。

生长习性：性喜凉爽、湿润、通风的半阴环境，既怕酷热又怕严寒。喜欢酸性土壤，在钙质土中生长得不好，甚至停止生长，为酸性土壤的指示植物。

用途：花量大，为著名观花园林植物。根、花、叶均可入药：根可祛风湿、活血去瘀、止血，用于风湿性关节炎、跌打损伤。花、叶有清热解毒，化痰止咳，止痒等功效。

羊角杜鹃
（多花杜鹃）

科属　杜鹃花科杜鹃花属

学名 *Rhododendron cavaleriei* Levi.

产地分布：原产于中国广东清运和连县、海南岛，分布于湖南、广西、贵州。

形态特征：常绿灌木，高2~6m；小枝无毛，枝圆柱形。叶坚纸质，椭圆形或倒披针形。花序有花3~4朵，腋生或假顶生，常从集；花梗被细绒毛，后渐无毛；花萼裂片上明显，近无毛；花冠狭漏斗形，白色或玫瑰红色；雄蕊10，花丝和花柱均无毛；子房密被黄白色绒毛。蒴果圆柱形，有5棱，略弯曲，被黄白色或灰白色绒毛。花期4~5月；果期10~11月。

生长习性：生于海拔700~1000m的疏林或密林中。

用途　花多且美丽，可作园林观赏树。

学名 *Diospyros morrisiana* Hance

产地分布：原产于中国，分布于浙江、台湾、广东、广西、贵州。中南半岛也有分布。

形态特征：灌木或小乔木。幼枝浅褐色，略被短柔，具细条纹，无毛，皮孔明显；叶薄革质，椭圆形或长圆形。雄花通常 3 朵组成聚伞花序，花梗密具褐色绒毛，雌花通常单生叶腋。果近球形。花期 5~6 月；果期 10~12 月。

生长习性：喜光，喜温暖湿润气候，耐干旱，耐贫瘠，稍耐寒。

科属　柿科柿树属

罗浮柿
（山椑树、牛古柿、乌蛇木、猴鬼子、猴子公）

用途
适用于山地造林。

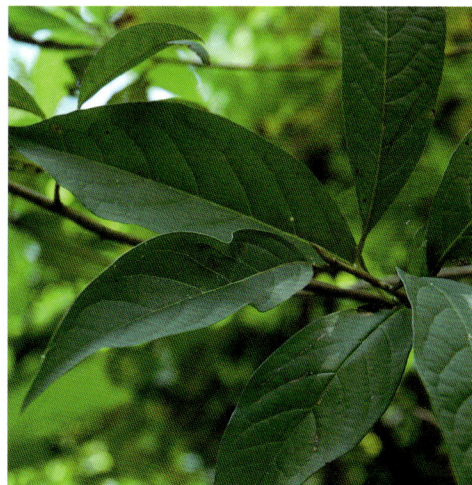

金叶树
（大横纹）

科属 山榄科金叶树属

学名 *Chrysophyllum lanceolatum* A. DC. var. *stellatocarpon van* Royen

产地分布：原产于中国广东中部和南部。分布于亚洲东南部和南部。

形态特征：乔木，高 10~20m 或更高。嫩叶被黄色短柔毛，叶薄革质，长圆形或长圆状披针形，两侧梢部对称，顶端略呈尾状，钝头，基部楔形；两面无毛，平时呈黄褐色，侧脉多而密，极纤细，末端在近边缘处结成清晰之边脉；叶柄无毛或被短柔毛。花数朵，多簇生于叶腋；花梗纤细，被锈色柔毛；萼裂片外面略被柔毛；花冠白色，阔钟状，长上及 3mm，裂片与冠管近等长，顶端圆；雄蕊具短的花丝。子房被绒毛，紫果近球形，成熟时有 5 条纵棱，褐黄色；种子常 5 颗，近倒卵形，两侧压扁，栗褐色，光亮。花期夏季。

生长习性：常生于中海拔阔叶林中。

用途
根和叶有活血祛瘀、消肿止痛的功效。果可食。

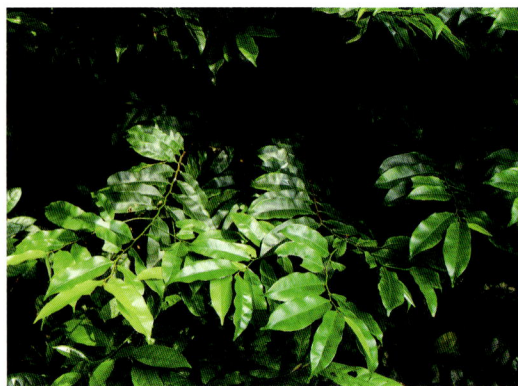

肉实树
（水石梓）

科属 山榄科肉实树属

学名 *Sarcosperma laurinum* (Benth.) Hook. f.

产地分布：原产于中国，广东、广西、云南均有分布。

形态特征：高大乔木。树皮褐色，嫩枝被绒毛。叶互生，长圆形。圆锥花序或稀为总状花序，淡绿色，盛开时为红色。果长圆形。

生长习性：喜光，喜温暖湿润，耐半阴，以肥沃酸性的壤质土为佳。多见于林缘灌丛、密林中、山谷林、山坡杂木林中。

用途
宜作庭院绿化植物。

朱砂根
（平地木、石青子、凉散遮金珠）

科属　紫金牛科紫金牛属

学名 *Ardisia crenata* Sims

产地分布：原产于亚洲地区。广泛分布于中国华东、华南至西南地区。

形态特征：灌木。叶纸质至革质，椭圆状披针形至倒披针形，有隆起的腺点，边常有皱纹或波纹，背卷。伞形花序，生于侧生或腋生，近顶部有较小的叶数枚，花白色或淡红色，花期6月。果球形，红色。

生长习性：喜半阴湿润环境，宜于疏松酸性壤质土，多见于林下。

用途　果实成熟时宛如"绿伞遮金珠"富贵吉祥的景象，故花农们称它"富贵籽"，为较好的观果植物。

学名 *Ardisia cymosa* Bl.

科属　紫金牛科紫金牛属

小紫金牛
（石狮子、产后草）

产地分布：原产于中国，分布于华南、华东地区。

形态特征：亚灌木状矮灌木。叶坚纸质。近伞形花序生于叶腋；花梗具毛，花冠摆设。果球形。

生长习性：喜半阴的温暖潮湿环境，生于密林下阴湿地方或溪旁。

用途　全株药用，可活血散瘀、解毒止血。

学名 *Ardisia cymosa* Bl.

斑叶紫金牛
（斑叶朱砂根）

科属　紫金牛科紫金牛属

用途 宜作观花观果盆栽植物。

学名 *Ardisia linddleyana* D. Dietr.

产地分布：原产于中国，分布于浙江、江西、福建、广东、广西。

形态特征：落灌木或半灌木，上分枝。叶柄有微柔毛；叶片革质或厚坚纸质，矩圆状狭椭圆形，全缘或近波状，有边缘腺点，上面无毛，下面有褐色微柔毛；近伞形，极少复伞形花序。萼片卵形或矩圆状披针形，有腺点和微柔毛；花冠裂片卵形，白色，有腺点。核果，有腺点，红色。

生长习性：喜半阴湿润环境，宜于疏松酸性壤质土，多见于林下。

罗伞树
（火炭树）

科属　紫金牛科紫金牛属

学名 *Ardisia quinquegona* Bl.

产地分布：原产于中国，分布于华南地区。

形态特征：灌木或小乔木；小枝有纵纹。叶坚纸质，长圆状披针形。聚伞花序腋生，花瓣白色，具腺点。果扁球形，具钝5棱。

生长习性：喜半阴潮湿环境，多见于山野灌丛中或密林下。

用途 全株入药，可消肿、清热解毒。

东方紫金牛

科属 紫金牛科紫金牛属

学名 *Ardisia squamulosa* Presl.

产地分布：原产于中国，分布于中国台湾、日本、马来西亚等。

形态特征：灌木，高达 2m，通常无毛。叶厚，新鲜叶略肉质，倒披针形或倒卵形，顶端钝和有时短渐尖，基部楔形，全缘，深绿色；侧脉极细和上明显。花序具梗，亚伞形花序或复伞房花序；花粉红色至白色；萼片圆形；花瓣广卵形，具黑点；雄蕊与花瓣近等长，花药披针形，背部具黑腺点。果红色至紫黑色，具极多的小腺点，新鲜时多肉质。

生长习性：生于山谷、林中阳处、阴湿处或溪边。

用途 庭园植栽及作绿篱；根及茎可药用。

学名 *Ardisia crispa* (Thunb.) A. DC. var. *dielsii* (Levl.) Walker

科属　紫金牛科紫金牛属

细柄百两金

（八爪龙、山豆根、地杨梅、开喉箭、状元红、铁雨伞）

产地分布：原产于中国，分布于西南及台湾、广东、广西等地。

形态特征：灌木，高1m以下。叶狭长披针形，侧脉弯曲上升。花瓣白色或粉红色，卵形，里面多少被细微柔毛，具腺点；雄蕊较花瓣略短，花药狭长圆状披针形，背部无腺点或有；雌蕊与花瓣等长或略长，胚珠5枚，1轮。果球形，鲜红色，具腺点。花期5~6月；果期10~12月。有时植株上部开花，下部果熟。

生长习性：喜温暖湿润环境。

用途

药用，能清热利咽、祛痰利湿、活血解毒，用于风湿痹痛、跌打损伤等。

酸藤子
（酸藤果、信筒子）

科属 紫金牛科酸藤子属

用途

根、叶可散瘀止痛、收敛止泻，治跌打肿痛、肠炎腹泻、咽喉炎、胃酸少、痛经闭经等。果可食，有强壮补血之效。兽医用根、叶治牛伤食膨胀、热病口渴。

学名 *Embelia laeta* (L.) Mez

产地分布：原产于中国，广东、广西、云南、江西、福建、台湾均有分布。

形态特征：攀缘灌木或藤本。叶坚纸质，倒卵形或长圆状倒卵形。总状花序着生于翌年无叶枝上，侧生或腋生，花瓣白色或带黄色。果球形，光滑。花期12月至翌年3月；果期4~6月。

生长习性：喜温暖湿润，偏阴性植物，耐高温和干旱，以肥沃酸性的沙壤土为佳，多见于林下。

白花酸藤果

（信筒子、拟茶蔗子、羊公板仔）

科属 紫金牛科酸藤子属

学名 *Embelia ribes* Burm. f.

产地分布：原产于中国，分布于云南、广东和广西。

形态特征：攀缘灌木。叶片纸质或坚纸质，矩圆状椭圆形、椭圆形或卵形，全缘，边里弯。花序顶生，圆锥状，有褐色毛。果有柄，皱缩。

生长习性：喜光，喜高温多湿气候，耐半阴，适应于林下环境。

用途

根有清热祛湿、止血消炎之效，治肠炎、痢疾、刀枪伤、蛇伤、疮毒等；茎皮及叶有收敛作用。

杜茎山
（天下捶、八卦拦路虎、小朝阳、假桃花）

科属 山榄科金叶树属

用途

以根、叶入药，有祛风、利尿、通淋、止血、消肿作用。

学名 *Maesa japonica* (Thunb.) Moritzi ex Zoll

产地分布：原产于中国，分布于华东、华南至西南。

形态特征：灌木。叶纸质或近革质，通常椭圆形，但有时狭椭圆状披针形至矩圆状卵形，边全缘或近基部全缘或长中部以上有疏锯齿。总状花序单生或 2~3 个聚生，花期 1~3 月。果球形或卵形。

生长习性：喜光，稍耐旱，宜于疏松酸性壤质土。

鲫鱼胆
（空心花、嫩肉木、丁药）

科属 紫金牛科杜茎山属

学名 *Maesa perlarius* (Lour.) Merr.

产地分布：原产于中国福建、台湾、广东、广西、贵州各地。

形态特征：高灌木。叶柄有长硬毛或疏柔毛；叶膜质或薄纸质，椭圆形，急尖或渐尖，上部边缘有粗锯齿，下部全缘。总状或圆锥花序腋生，白色，有香气。果球形或卵球形，有纵条纹。

生长习性：喜光，喜温暖湿润环境，生长于山坡、灌木丛林缘。

用途

全株可入药，捣烂外敷对跌打刀伤有一定疗效。

学名 *Styrax confusus* Hemsl.

产地分布：原产于中国。广布于长江流域以南各地。

形态特征：小乔木，高 2~8m。树皮灰褐色，平滑；嫩枝、花序轴、花梗、花萼均密被黄褐色星状长柔毛或星状绒毛。叶革质，椭圆形至倒卵状椭圆形，顶端短尖或短渐尖，基部圆形至宽楔形，边缘有上规则细锯齿，两面均疏生星状短柔毛。花 2~3 朵；花冠裂片披针形，花蕾时镊合状或稍内向覆瓦状排列，外面密生黄色星状柔毛；花丝扁平，上部稍扩大并密被白色长柔毛。果近球形或倒卵形，褐色，平滑或有皱纹。花期 4~6 月；果期 9~12 月。

生长习性：生于海拔 300~600m 林中或林缘。

赛山梅
（赛梅子、猛骨子、乌蚊子）

科属 安息香科安息香属

用途 种子油供制润滑油、肥皂、油墨等。

芬芳安息香

科属 安息香科安息香属

学名 *Styrax odoratissimus* Champ. ex Benth.

产地分布：原产于广东省北部和东北部。广布于长江流域以南各地。

形态特征：小乔木，高 4~10m。树皮灰褐色；嫩枝、花梗、花萼密生黄色星状绒毛。叶互生，膜质至纸质，卵形或卵状长圆形，顶端短尖或渐尖，基部宽楔形至圆形，边缘有上明显锯齿，嫩时两面都有星状短柔毛，以后无毛，干时黄绿色。总状花序或狭圆锥花序顶生或腋生，有花 6~12 朵；花萼顶端近截形或稍有 5 齿；花冠裂片，花蕾时覆瓦状排列；花丝中部常弯曲，密被白色星状短柔毛。果近球形，顶端骤缩而有短喙，密生星状绒毛；种子卵形，棕褐色，密被褐色鳞片状毛和瘤状突起，稍具皱纹。花期 3~4 月；果期 6~9 月。

生长习性：常见于海拔 600~1100m 的林中。

用途

木材坚硬，可作建筑、船舶、车辆和家具等用材。种子油供制肥皂和机械润滑油。

学名 *Styrax suberifolius* Hook. et Arn

产地分布：分布于中国长江流域以南各地。越南也有分布。

形态特征：小乔木，高 4~20m。树皮暗褐色，粗糙；嫩枝、叶柄、花梗、总和花序轴均密被锈色星状柔毛。叶全缘，革质，长椭圆形，顶端短尖或短渐尖，基部楔形，上面无毛，下面密被灰色或褐色星状柔毛。总状或圆锥花序，腋生或顶生；花白色；花萼杯状，有褐色或灰色星状茸毛；花冠裂片 4~5 枚，长圆形或披针形，边缘长狭内折，花蕾时镊合状排列；雄蕊 8~10 枚，较花冠稍短。果近球形，密生灰色至褐色星状柔毛；种子褐色，无毛，宿存萼包果实至一半。花期 4~6 月；果期 8~10 月。

生长习性：生于海拔 200~800m 的林中。

科属　安息香科安息香属

栓叶安息香

（红皮树、赤血仔、狐狸公）

用途

种子油可制肥皂和油漆。根、叶可治风湿关节痛、胃痛。木材坚硬，可供家具和器具等用材。

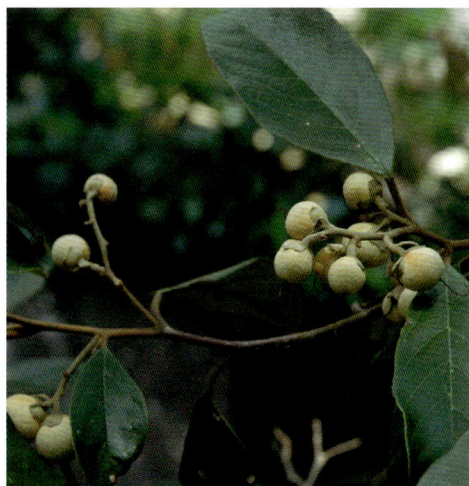

学名 *Styrax tonkinensis* (Pierre) Craib.ex Hartw.

越南安息香
（大青山安息香、泰国安息香、白背安息香）

科属　安息香科安息香属

产地分布：原产于中国广东，分布于广西、云南、福建、湖南。越南也有分布。

形态特征：乔木，高6~15m。树皮暗灰色或暗褐色。嫩枝、叶下面、花序轴、花梗、花萼密生灰色或褐色星状绒毛，叶纸质，椭圆形、长椭圆形至卵形，顶端渐尖，基部圆形或楔形，边近全缘或上部有疏锯齿。总状花序或圆锥花序；花白色；花萼杯状，萼齿三角形或披针形；花冠裂片膜质，卵状披针形，花蕾时覆瓦状排列；花丝扁，被白色星状毛。果近球形，顶端有短尖，密生灰色星状绒毛；种子卵形，栗褐色，密被小瘤体和形状毛。花期4~6月；果期8~10月。

生长习性：生于山坡或山谷、疏林中或林缘。

用途

树脂入药，称"安息香"，有祛风除湿、行气开窍、镇静止咳之效，治哮喘、咳嗽、感冒、中暑、胃痛等；种子榨油，称"白花油"，药用治疮疥。木材可作火柴杆、家具及板材。

学名 *Symplocos cochinchinensis* (Lour.) S. Moore

越南山矾
（越南灰木）

科属　山矾科山矾属

产地分布：分布于中国广东、广西、台湾和云南。中南半岛及印度尼西亚、印度也有分布。

形态特征：乔木，高可达13m。树皮灰黑色。小枝粗壮；芽、嫩枝、叶柄、叶背中脉均被红褐色茸毛。叶纸质，椭圆形或倒卵状椭圆形。花芳香，白色或淡黄色。核果球形。花期8~9月；果期10~11月。

生长习性：生于溪边、路旁和阔叶林中。

用途

木材适作小件家具和一般板材。

羊舌树

科属　山矾科山矾属

用途

木材供建筑、家具、文具及板料用。树皮作药用，治感冒。

学名　*Symplocos glauca* (Thunb.) Koidz.

产地分布：原产于中国，分布于浙江、福建、广东、广西、云南。

形态特征：乔木。叶常簇生于小枝上端，叶片狭椭圆形或倒披针形。穗状花序呈团伞状。核果狭卵形，顶端圆。花期4~8月；果期8~10月。

生长习性：喜光，喜温暖湿润环境。

黄牛奶树
（泡花子、苦山矾）

科属 山矾科山矾属

学名 *Symplocos laurina* (Retz.) Wall.

产地分布：原产于中国南部。

形态特征：灌木或小乔木。叶革质，椭圆状长圆形，边缘有钝锯齿。穗状花序，花冠白色。果近球形。

生长习性：喜半阴湿润环境，喜疏松酸性壤质土。

用途 古时乡民常伐取作为燃料。

白檀

科属 山矾科山矾属

学名 *Symplocos paniculata* (Thunb.) Miq.

产地分布：原产于中国，分布极广，几乎遍及全国。

形态特征：落叶灌木或小乔木。新枝顶生。叶椭圆形或倒卵形，先端急尖或渐尖，边缘有尖细锯齿，中脉凹入。圆锥花序，花冠白色五裂，基部相连成极短花冠筒，花有香气。核果蓝色，卵形。

生长习性：喜阳，耐旱，耐寒，普遍野生于山坡路旁。

用途 木材细密，可提供优质木材。种子油榨取制油漆。

大茶药

（断肠草、黄花苦蔓、黄猛菜、钩吻）

科属 马钱科胡蔓藤属

学名 *Gelsemium elegans* (Gardn. et Champ.) Benth.

产地分布：原产于中国，分布于南方各地。

形态特征：常绿藤本。叶片膜质卵形或卵状披针形。花密集，组成顶生和腋生的三歧聚伞花序，花冠黄色。蒴果卵形，成熟时呈黑色。花期5~11月；果期7月至翌年3月。

生长习性：喜温暖多湿气候，喜半阴环境。

生长习性：喜半阴湿润环境，宜于疏松酸性壤质土。

用途 含多种极毒的钩吻碱，误食能致命，但有药用价值。

牛眼马钱
（牛眼珠）

科属 马钱科马钱属

学名 *Strychnos angustiflora* Benth

产地分布：原产于中国广东博罗、广州、珠海、新会、台山、徐闻等地。广布于福建、云南。菲律宾、越南、泰国等国也有分布。

形态特征：藤状灌木。小枝常变态成卷曲的钩，老枝上有时变为硬刺。叶革质，卵形，近圆形或椭圆形，基部急尖、圆或微心形，基出脉 3~5 条。聚伞花序生于小枝之顶；花萼外被短柔毛，裂片 5，线形，约花冠管等长，近基部和喉部被长柔毛；雄蕊 5，较花冠裂片稍短；子房无毛。果球形，熟时橙黄色，种子 1~2 颗，扁圆形。花期 4~5 月。

生长习性：生于山地疏林或灌丛中。

用途
根、皮、叶可作兽药，治跌打肿痛。种子、树皮和嫩叶含番木鳖碱和马钱子碱。

茉莉
（素馨）

科属 木犀科素馨属

学名 *Jasminum sambac* (L.) Ait.

产地分布：原产于印度及巴基斯坦。中国分布于华南、华中、西南。

形态特征：常绿灌木。枝条细长，略呈藤本状；叶对生，光亮，卵形。聚伞花序，顶生或腋生，有花3~9朵，花冠白色，极芳香。

生长习性：喜光、喜温暖湿润，在通风良好、半阴环境生长最好。土壤以含有大量腐殖质的微酸性沙质土壤最为适合。畏寒、畏旱，耐湿涝和碱土。

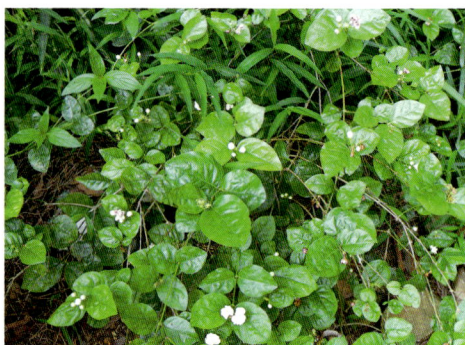

用途

庭园观赏植物。能够提取茉莉油，是制造香精的原料。

山指甲
（山紫甲树、小蜡树、水黄杨、小叶女贞）

科属 木犀科女贞属

学名 *Ligustrum sinense* Lour.

产地分布：分布于中国广东、江苏、浙江、福建、湖北、湖南、江西、广西、四川、云南等地。

形态特征：灌木或小乔木，高2~4m，有时可达7m。小枝圆柱形，幼时密被短柔毛，老后渐无毛。叶纸质或薄革质，卵形，椭圆状卵形或椭圆形，先端急尖或钝，基部近圆形或阔楔形，两面疏被短茸毛，或仅于中脉上被短柔毛，无腺点；侧脉4~8对，与中脉在上面凹入，下面凸起，小脉网状，不明显；叶柄被短茸毛。圆锥花序腋生或顶生；花序轴密被短柔毛或无；花萼钟状，先端截平或具浅波状齿；花冠白色；花丝与花冠管等长或稍长。核果近球形。花期3~6月；果期9~12月。

生长习性：对土壤湿度较敏感，干燥瘠薄地生长发育不良。多生于村边、山坡、草丛中。

用途

耐修剪，生长慢。对有害气体抗性强，可用于厂矿绿化。宜作绿篱，也可整形成长、短、方、圆各种几何图形。种子可制肥皂，茎皮纤维可制人造棉；药用能止咳。果实可酿酒，绿墙和隐蔽遮挡的绿屏。

桂花

（木犀、岩桂、九里香、金粟）

科属 木犀科木犀属

用途

木质细密坚韧，有多种用途。桂花气味辛温，无毒，入药有化痰、止咳、生津、止牙痛等功效。采摘新鲜的桂花可制桂花糕、糖和桂花酒等。对二氧化硫、光气的抗性较强，并对二氧化硫、氯气、汞蒸气有一定的吸收能力，对氟化氢气抗性中等。具有减弱噪音的功能。

学名 *Osmanthus fragrans* (Thunb.) Lour.

产地分布：原产于中国，分布于广东、广西、湖南等地。

形态特征：常绿灌木或乔木。树冠圆球形，树干粗糙，灰白色。叶革质，对生，椭圆形或长椭圆形，幼叶边缘有锯齿。花簇生，3~5朵生于叶腋，多着生于当年春梢，二、三年生枝上亦有着生，花冠分裂至基乳有乳白、黄、橙红等色，香气极浓。

生长习性：阳性树种，在幼苗期要求有一定的荫蔽，成年后要求有充足的光照，较耐寒。喜温暖湿润气候和微酸性土壤，土壤宜潮湿，尤忌积水。

链珠藤
（鸡骨香）

科属 夹竹桃科链珠藤属

学名 *Alyxlia sinensis* Champ. ex Benth

产地分布：原产于中国广东韶关、佛山、惠阳、湛江、汕头等地。广布于浙江、江西、福建、湖南、广西、贵州。

形态特征：藤状灌木。长达 3m。除花外无毛。叶革质，对生或 3 片轮生，圆形、卵圆形或倒卵形，顶端圆或微凹，边缘反卷；侧脉上明显。花冠由淡红色变为白色，冠筒无毛，裂片卵形。核果卵形，2~3 颗组成链珠状。花期 4~9 月；果期 5~11 月。

生长习性：生长于矮林或灌木丛中。

用途 根药用，主治风湿关节痛；全株可作发酵药。

鳝藤
（锦兰）

科属 夹竹桃科鳝藤属

学名 *Anodendron affine* (Hook. et Arn.) Druce

产地分布：原产于中国云南东南部和南部。

形态特征：藤状灌木。全株无毛。叶长圆状披针形，顶端渐尖；侧脉约10对，疏离，干时有皱纹。聚伞花序总状式，顶生；小苞片甚多；花萼裂片常不等长；花冠白色或黄绿色，花冠筒喉部被疏柔毛；雄蕊着生于花冠筒的基部；子房无毛。蓇葖圆柱形，基部膨大，向上渐尖；种子棕黑色，有喙，顶端种毛长约为种子的3倍。花期11月至翌年4月；果期翌年6~8月。

生长习性：生于山地杂木林中或丘陵山坡灌木丛中。

蕊木
（梅桂、马蒙加锁）

科属 夹竹桃科蕊木属

学名 *Kopsia arborea* Bl.

产地分布：原产于中国云南南部，广东、广西均有分布。

形态特征：乔木。具乳汁，树皮灰褐色。叶腋间及叶腋内有淡黄色的钻状腺体。叶对生，纸质，椭圆状长圆形或椭圆形。聚伞花序复总状，花冠白色，高脚碟状，花冠筒内被微毛，花冠裂片5枚。核果，成熟时黑色。

生长习性：喜阳，喜温暖湿润的环境，多见于生海拔500~800m山地疏林中或路旁。

用途 果、叶药用，治咽喉炎等。树皮可治水肿。

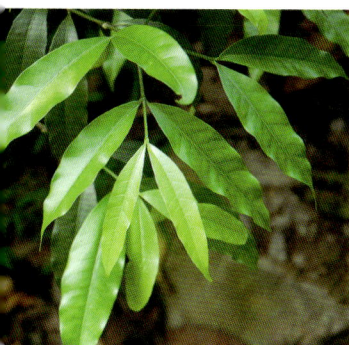

倒吊笔

科属　夹竹桃科倒吊笔属

用途 庭院观赏植物；，根、茎皮药用，治颈淋巴结核。

学名 *Wrightia pubescens* R. Br.

产地分布：原产于中国，分布于华南。

形态特征：乔木。叶坚纸质，卵状长圆形，叶面被微绒毛，叶背密被绒毛；花冠白色、淡黄色或粉红色。果 2 个粘生，绒状披针形。

生长习性：生于疏林之中，喜光，稍耐荫蔽。

球兰

科属 萝藦科球兰属

学名 *Hoya carnosa* (L.f.) R. Br.

产地分布：原产于中国，分布于广东、海南。

形态特征：附生分枝攀缘灌木。叶柄近轴处有 2~5 个腺体成一群；叶片肉质，倒卵形或倒卵状长圆形。伞形花序、腋生，花开球状，多花，花冠白色。花期 7~11 月。

生长习性：喜半阴，温暖湿润的湿地环境，多见于林下或村旁湿地。

用途 宜作庭园阴生水景植物。

白叶藤
（飞扬藤、胱皮藤、红丝线）

科属　萝摩科白叶藤属

用途　全株可入药，具清热解毒、舒筋活血之功效。

学名 *Cryptolepis sinensis* (Lour.) Merr.

产地分布：原产于中国，分布于贵州、云南、广西、广东和台湾等地。

形态特征：木质藤本，具乳汁。叶对生，长圆形，两端圆形，顶端具小尖头。聚伞花序顶生或腋生；花冠淡黄色，花冠筒圆筒状。果长披针形；种子顶端具白色种毛。花期4~9月；果期6月至翌年2月。

生长习性：喜温暖，半阴湿润环境。

水杨梅
（水石榴、小叶团花、白消木、鱼串鳃）

科属 茜草科水团花属

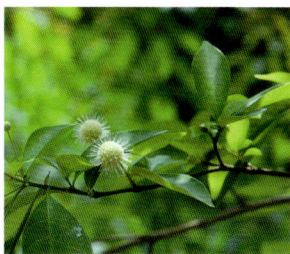

学名 *Adina pilulifera* (Lam.) Franch. ex Drake

产地分布：原产于中国，分布广东、广西、台湾、福建等地。

形态特征：常绿灌木或小乔木，高可达 5m。顶芽由开展的托叶疏松包裹；叶对生，厚纸质，椭圆形或椭圆状披针形。头状花序一般腋生，花冠白色。果为小蒴果。

生长习性：喜温暖湿润和阳光充足环境，较耐寒，耐高温和干旱，耐水淹，以肥沃酸性的沙壤土为佳。

用途

以根、茎皮、叶、花及果实入药。6~8月采花；9~11月采果实；根、茎皮全年可采。夏、秋采叶，晒干或鲜用。

香楠
（半边蕨、单片锯、半边牙、半边梳、半边风药）

科属 茜草科茜树属

学名 *Aidia canthioides* (Champ. ex Benth.) Masamune

产地分布：原产于中国，分布于华南、华东、云南。

形态特征：灌木或乔木。叶对生，纸质，长圆状椭圆形或披针形，托叶三角形。聚伞花序，花白色或黄白色。浆果球形，种子有棱。

生长习性：喜阳喜潮湿，生于山坡、山谷溪边。

用途

可作园庭观赏植物。

鱼骨木

科属 茜草科鱼骨木属

学名 *Canthium dicoccum* Merr.

产地分布：原产于中国，分布于华南及云南、西藏。

形态特征：灌木至中等乔木。小枝初时呈压扁形或四棱柱形，后变圆柱形。叶革质，卵形、椭圆形。花冠绿白色或淡黄色。核果倒卵状，或倒卵状椭圆形。

生长习性：喜生于疏林或灌丛中，喜半阳湿润环境。

狗骨柴

科属 茜草科狗骨柴属

学名 *Diplospora dubia* (Lindl.) Masamune

产地分布：广布于中国西南、华南和东部地区。

形态特征：灌木或小乔木。小枝灰黄色，除花序外几全株无毛。叶对生，革质，长圆形或卵状长圆形，托叶基部合生。聚伞花序排成伞房状，腋生，花黄绿色。核果近球状，橙红色，顶有萼檐残迹。

生长习性：喜半阴湿润环境，宜于疏松酸性壤质土，多见于林下。

用途 根可治黄疸病。

栀子
（黄栀子）

科属 茜草科栀子属

学名 *Gardenia jasminoides* Ellis

产地分布：中国中部及中南部都有分布。

形态特征：枝丛生，干灰色，小枝绿色。叶对生或三叶轮生，倒卵形或矩圆状倒卵形，先端渐尖。花单瓣。入秋结橙红色果实，经久不凋。为观花、观果的良好树种。花期5~7月；果期8~11月。

生长习性：喜温暖、湿润环境，甚耐寒。喜光，耐半阴，但怕暴晒。喜肥沃，排水良好的酸性土壤，在碱性土栽植时易黄化。萌芽力、萌蘖力均强，耐修剪更新。

用途

终年常绿，且开花芬芳香郁，是深受大众喜爱、花叶俱佳的观赏树种，可用于庭园、池畔、阶前、路旁丛植或孤植；也可在绿地组成色块。开花时，望之如积雪，飘香数里，人行其间，芬芳扑鼻，效果尤佳；也可作花篱栽培。

牛白藤

科属 茜草科耳草属

用途 药用，可治风热、感冒。

学名 *Hedyotis hedyotidea* (DC.) Merr.

产地分布：原产于中国，广布于南方各地。

形态特征：粗壮藤状灌木。幼枝四棱形，密被粉末状柔毛。叶对生，卵形或卵状长圆形，托叶有条刺毛。花序球形，花具短梗，萼筒陀螺状，花冠白色。蒴果近球形，顶部极隆起，有宿存萼裂片，开裂。

生长习性：喜光，喜温暖湿润环境，耐旱。

龙船花
（百日红、山丹、仙丹花、英丹花、水绣球）

科属 茜草科龙船花属

学名 *Ixora chinensis* Lam.

产地分布：原产中国、马来西亚及缅甸。

形态特征：灌木。分枝多，茎绿色至深褐色。叶对生，倒卵形至矩圆状披针形。花序聚伞形，具红色分枝，每个分枝有花 4~5 朵，花冠红色或朱红色。果圆形，紫黑色。花期长，6~10 月；果期 9 月至翌年 3 月。

生长习性：性喜高温、高湿、光照充足的气候条件，生长适温为 23~32℃。喜土层深厚，富含腐殖质且疏松、排水良好的酸性壤土。栽培地点宜选择冬季温暖的避风处，较耐荫蔽，畏寒冷。

用途
株型优美，花色红艳，且花期长久，可布置在花坛、花境中，或布置在道路旁，适宜作花墙、花篱，在北方作盆栽观赏。其花也可作切花材料。

粗叶木

科属 茜草科粗叶木属

用途 宜作庭植花卉。

学名 *Lasianthus chinensis* (Champ.) Benth.

产地分布：原产于中国，分布于广东、福建、台湾。

形态特征：灌木。小枝圆柱形，幼嫩部份、叶下面、叶柄和花同被暗黄色的短绒毛。叶对生，薄革质，长圆形成矩圆状披针形；花近无梗，3~5朵成束生于叶腋，无苞片，萼筒钟状，花冠白色或带蓝色。核果球形，被毛，蓝色，有宿存萼裂片。

生长习性：喜半阴，喜高温多湿气候，耐旱。生低海拔山谷溪畔或湿润疏林下。

羊角藤
（乌苑藤）

科属　茜草科巴戟天属

学名 *Morinda umbellanta* L. subp. *obovata* Y. Z. Ruan

产地分布：原产于中国，分布广东、广西、台湾、福建、江苏、浙江等。

形态特征：藤本。嫩叶无毛，老枝具细棱，蓝黑色。叶纸质，倒卵形、倒卵状披针形或倒卵状长圆形。顶生头状花序，花冠白色，稍呈钟状。聚花果红色，近球形或扁球形。花期 6~7 月；果期 10~11 月。

生长习性：喜温暖湿润和阳光充足环境，较耐阴，耐高温和干旱，以肥沃酸性的沙壤土为佳。

用途

根及全株入药。全年可采，鲜用或晒干，有祛风除湿、止痛止血等功效。用于胃痛、风湿关节痛；叶外用治创伤出血。

玉叶金花
（白纸扇、白头公）

科属　茜草科玉叶金花属

学名 *Mussaenda pubescens* Ait.

产地分布：原产于中国，分布于福建、广东、广西、贵州、云南。

形态特征：藤本小灌木。叶对生或轮生，托叶两深裂，生于两叶柄之间，称柄间托叶。花组成稍密的顶生聚伞花序，总花梗短，苞片条形；萼被毛，线形，其中 1~3 枚常扩大成叶状，白色；花冠黄色，漏斗状，裂片镊合状排列。浆果球形。

生长习性：喜光，喜高温多湿气候，怕涝。

用途 宜作庭植花卉。

九节

科属 茜草科九节属

可作为林下植被植物。

学名 *Psychotria asiatica* L.

产地分布：原产于中国，广布于西南、华南，东至台湾。

形态特征：灌木，有时小乔木状。枝圆柱状，叶对生，纸质，长圆形、椭圆状或倒披针形长圆形，托叶短。聚伞花序通常顶生，花小，白色。核果近球状至椭圆状，红色，干时现直棱。

生长习性：喜温暖湿润，偏阴性植物，耐高温和干旱，以肥沃酸性的沙壤土为佳，多见于林下。

学名 *Lonicerae confusa* (Sweet) DC.

山银花
（山金银花、土忍冬、土银花）

科属　忍冬科忍冬属

产地分布：原产于中国，分布于广东、广西、福建、湖南等地。

形态特征：落叶藤本。叶对生，卵圆形至椭圆形，主脉上有短疏毛，下面带灰白色，密生白色短柔毛；花冠管状，稍被柔毛。初开时白色，后变黄色。花期6~9月；果期10~11月。

生长习性：性喜光，喜温暖多湿气候，耐半阴，对土壤要求严。

用途
花蕾入药，具清热解毒之功效。

蝶花荚蒾

（假绣球、蝴蝶荚蒾、心叶荚蒾）

科属　忍冬科荚蒾属

用途

根及粗茎有舒肝气、化瘀利湿、清热解毒、健脾消积之效。治风热感冒、淋巴腺炎、小儿疳积、腰胁气胀、筋骨疼痛、风湿麻木、跌打瘀肿。

学名 *Viburnum hanceanum* Maxim.

产地分布：原产于中国陕西、河南和长江流域以南地区。分布于广东、广西、湖南、江西、福建等地。

形态特征：灌木，高达 2m。当年小枝、叶柄和总花梗被簇锈色绒毛。叶对生，纸质，圆卵形、近圆形或椭圆形，顶端圆形，基部圆形至宽楔形，边缘除基部外具整齐而稍带波状的锯齿，两面被黄褐色簇状短伏毛。聚伞花序，花稀疏，外围有 2~5 朵白色；可孕花花冠黄白色，辐射状，裂片卵形；雄蕊与花冠几等长，花叶长圆形；柱头略高出萼齿。果实红色，稍扁，卵圆形。花期 4~5 月；果期 8~9 月。

生长习性：生于山谷溪流旁或灌丛中。

三叶鬼针草

科属 菊科鬼针草属

用途 全草入药，有清热解毒、活血散瘀之功效。

学名 *Bidens pilosa* L. var. *radiata* Sch. Bip.

产地分布：原产于亚洲及美洲的热带和亚热带地区，中国南方各地均有分布。

形态特征：草本。叶对生，三出复叶。头状花序排成顶生疏伞房花序；瘦果条形。

生长习性：多见于路边、荒地向阳处。

野茼蒿

科属　菊科野茼蒿属

用途　茎叶可作蔬菜，也可作绿肥。

学名 *Crassocephalum crepidioides* (Benth.) S. Moore

产地分布：原产亚洲非带，分布几乎遍布全中国。

形态特征：一年生草本。单叶互生，叶片长圆状椭圆形，边缘有重锯齿或有时基部羽状分裂。头状花序多数，排成圆锥状聚伞花序，花全为筒状两性花，粉红色。瘦果狭圆柱形，赤红色，有纵条，白色。花果期9~11月。

生长习性：喜光，喜湿润温暖气候。

野菊

科属　菊科野菊属

学名 *Dendranthema indicum* (L.) Des Moul.

产地分布：原产于中国，广布于中国南方各地。

形态特征：多年生草本。茎基部常匍匐，上部分枝，有棱角，且有细柔毛。叶互生，卵形或长圆状卵形，羽状深裂。头状花序，在枝顶排成伞房状圆锥花序或上规则的伞房花序，花冠硫磺色。瘦果全部同型，倒卵形，无冠毛。花期 11 月。

生长习性：喜光，喜温暖湿润环境，怕涝。

用途　宜作庭园花卉。

匙叶鼠麴草

科属　菊科鼠麴草属

学名 *Gnaphalium pensylvanicum* Willd.

产地分布：分布于中国贵州、湖南、广西、广东、福建。

形态特征：二年生草本，全株密被白绵毛。茎直立，通常基部分枝，丛生林。叶互生，基生叶花后调落，中下部叶匙形或倒披针形。头状花序多数，排成伞房状；总苞球状钟形，花黄色，边缘雌花花冠丝状，中央两性花管状。瘦果长椭圆形，具乳头状突起，冠毛黄白色。花期 4~7 月；果期 8~9 月。

生长习性：喜光，喜温暖湿润环境，多见于林中湿处或路旁。

用途　全株可入药，对祛痰、止咳有一定功效。

山莴苣

科属 菊科山莴苣属

用途 可食用。

学名 *Lagedium sibiricum* (L.) Sojak

产地分布：原产于中国，分布于广东、广西、福建。

形态特征：一或二年生草本。无毛，茎直立，多分枝，常带紫红色；基生叶花期枯萎，茎下部叶与中部叶质薄，长圆形或倒长卵形，先端锐尖或钝，基部渐狭成短柄或无柄而抱茎，边缘有深浅上等的齿裂，少全缘。头状花序排列成伞房状，舌状花黄色。瘦果纺锤形，成熟后黑褐色，有喙，冠毛白色。

生长习性：喜光喜湿润，多见于田边、河边、溪边。

千里光
（千里及、九里明、九领光、一扫光）

科属 菊科千里光属

学名 *Senecio scandens* Buch.-Ham. ex D. Don

产地分布：原产于中国，产于江苏、浙江、广东、广西、四川等地。

形态特征：多年生草本，有攀缘状木质茎。叶互生，卵状三角形或椭圆状披针形，边缘有上规则缺刻状齿裂或微波状或近全缘，两面疏被细毛。花序顶生，排成伞房状，花黄色；瘦果圆柱形，有纵沟，被短毛，冠毛白色。花果期秋冬季至翌年春季。

生长习性：喜半阴，喜温暖湿润环境。

用途：较好的观花植物，全草可入药，有清热解毒之功效。

金纽扣

科属　菊科金纽扣属

学名 *Spilanthes paniculata* Wsll. ex DC.

用途

全株可入药，疏风消热、明目消肿。

产地分布：原产于中国，广布于中国南方各地。

形态特征：一年生草本。茎直立或斜生，有分枝。叶对生，有叶柄，卵状披针形，边缘有钝锯齿或近全缘。头状花序卵形，1~3 个顶生；总花梗长。瘦果倒卵形。

生长习性：喜光，喜温暖湿润环境，多见于林中湿处或路旁。

夜香牛

（伤寒草、消山虎）

科属　菊科斑鸠菊属

学名 *Vernonia cinerea* (L.) Less.

产地分布：原产于中国，分布于南方各地。

形态特征：草本。叶菱状卵形，上表面绿色，被疏短毛，下表面有灰白色或淡黄色短绒毛，两面均有腺点。花在茎枝端排列成伞房状圆锥花序，花淡红紫色，花期全年。

生长习性：喜光，喜温暖、湿润环境，对土质要求严。

用途

全草入药，有疏风散热、拔毒消肿、安神镇静、消积化滞之功效，可治感冒发热、神经衰弱、失眠、痢疾、跌打扭伤等症。

毒根斑鸠菊

科属 菊科斑鸠菊属

学名 *Vernonia cumingiana* Benth.

产地分布：原产于中国，分布于广东、福建、云南。

形态特征：直立灌木或小乔木，枝开展或有时攀缘，披黄褐色或淡黄色密绒毛。叶卵形或卵状长圆形，全缘，浅波状或具疏钝齿。头状花序小，在茎枝顶端排列成复伞房花序，有香气，花冠粉红色或淡紫色。花期11月至翌年4月。

生长习性：喜温暖、湿润环境，喜半阴，对土质要求严。

用途 全草入药，治腹痛、肠炎、痧气等症。

临时救
（聚花过路黄）

科属 报春花科珍珠菜属

学名 *Lysimachia congestiflora* Hemsl.

产地分布：原产于中国广东。

形态特征：多年生草本。茎浓紫红色，具短柔毛，分枝多，下部匍匐，节处生上定根，上部斜升。单叶交互对生，枝端密集，略被短柔毛；叶片广心形，先端钝尖，全全缘基部楔形，上面淡绿色，下面色更淡，边缘有绿红色小点。花黄色，单生于枝端叶腋，成密集状；苞片卵形或亚圆形；淡绿色，下部边缘紫红色；花梗极短；花冠轮状，下部合生，裂片5，卵形，先端锐尖，成覆瓦状排列；雄蕊5，长短不一；子房上位，卵形，被长白柔毛，1室。果为蒴果，种子多数，萼宿存。花期4~5月。

生长习性：生于路旁草地、田埂、溪边等湿润处。

用途 全草药用，主治咳嗽多痰、咽喉肿痛、腹泻、蛇咬、寒头痛、风伤等。

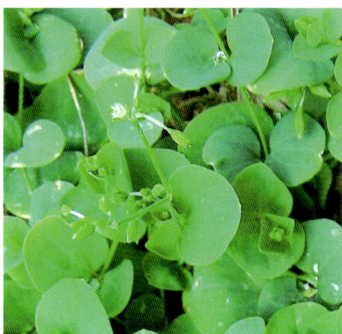

车前

科属 车前科车前属

用途

全草与种子都可入药，能利尿通淋、清热、止咳；全草捣烂与肥皂（或与苦楝、菖蒲）配制成农药，对防治棉蚜或蚜虫有效。

学名 *Plantago asiatica* L.

产地分布：原产于温带及热带地区，珠三角地区有栽培。

形态特征：多年生草本。全体光滑或稍有短毛，根茎短而肥厚，着生多数须根。叶全缘或有波状浅齿，基部狭窄成叶柄，叶柄和叶片几等长，基部膨大。花茎较叶片短或超出，有浅槽；穗状花序排列上紧密，绿白色。蒴果椭圆形。花果期4~8月。

生长习性：喜光，喜温暖湿润环境，较耐旱。

破布木

科属 紫草科破布木属

学名 *Cordia dichotoma* Forst. f.

产地分布：原产于中国，分布于云南（南部）、广西、广东、福建、台湾。

形态特征：乔木。小枝有短毛。叶宽椭圆形、圆卵形或倒卵形，边缘全缘或稍波状，有时有波状牙齿。两性花和雄花异株；两性花花冠白色；雄花似两性花，花丝较长，退化雌蕊球形。核果近球形，黄色或带红色。

生长习性：性喜高温，适应性强，生长迅速，对土壤要求不高但需排水良好。

用途
宜作庭园绿化树种。

长花厚壳树

科属 紫草科厚壳树属

用途 嫩叶可代茶用。

学名 *Ehretia longiflora* Champ. ex Benth.

产地分布：分布于中国华南、华东、华中及西南地区。越南也有分布。

形态特征：落叶乔木，高5~10m。树皮片状剥落。枝褐色，小枝紫褐色，均无毛。叶椭圆形、长圆形或长圆状倒披针形，先端急尖，全缘。伞房状聚伞花序，生于侧枝顶端，无毛或疏生短柔毛；花无梗或具短梗；无苞片；花萼裂片卵形或三角形，边缘有不明显的缘毛；花冠筒状钟形，白色或淡红色，裂片卵形或卵状椭圆形，伸展或稍弯，明显比筒部短；雄蕊生于花冠筒近基部；子房无毛。核果淡黄色或红色；核具棱，分裂成4枚具单种子的分核。花期4月；果期6~7月。

生长习性：生于海拔900m以下的山坡疏林中。

少花龙葵
（野海椒、苦葵、野辣虎）

科属 茄科茄属

学名 *Solanum americanum* Miller

产地分布：原产中国、马来西亚。

形态特征：多年生草本。茎直立，多分枝。叶卵形，全缘或有上规则的波状粗齿。花序短，蝎尾状，腋外生有4~10朵花，花冠白色。浆果球形，熟时黑色。

生长习性：喜光和温暖湿润的气候。

用途
园林中可作引种驯化培育新的品种，杂交育种用。全草药用，能清热解毒、利水消肿。

山猪菜

科属 旋花科山猪菜属

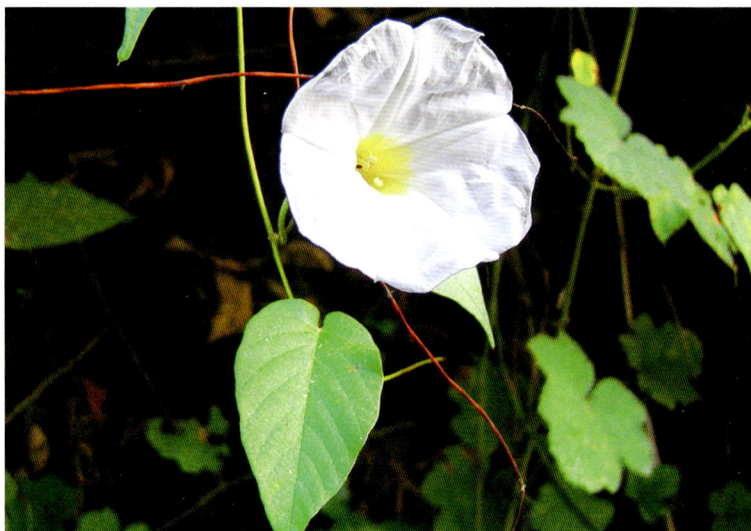

学名 *Canthium dicoccum* Merr.

产地分布：原产于中国，分布于广东、广西、云南。

形态特征：缠绕草本。叶卵形、卵状长圆形或长圆形；聚伞花序腋生，花冠白色或黄色，漏斗形。蒴果圆锥状球形。

生长习性：喜半阴潮湿环境，多见于山野灌丛中或密林下。

毛麝香

科属 玄参科毛麝香属

学名 *Adenosma glutinosum* (L.) Druce

产地分布：原产于东南亚及大洋洲，中国广东及海南各地。

形态特征：直立草本，高10~90cm。全株被腺毛和柔毛。茎圆柱形或上部稍呈四棱形。叶对生或上部互生，上部叶小而多变，下部叶卵形，顶端渐尖或急尖，基部心形或阔楔形，边缘具不整齐锯齿，叶两面被长柔毛，后渐变疏或无，叶背被较密的凹陷腺点。花单生于叶腋或在茎枝顶端排成疏散、具苞叶的总状花序；花萼5深裂，花后宿存增大，外面密被毛；花冠紫红色或蓝紫色。蒴果卵形，先端具喙，有2纵沟；种子长圆形，褐色至棕色，有网纹。花、果期7~10月。

生长习性：生于沟边、田边、荒地、路边和疏林下湿处。

学名 *Scoparia dulcis* L.

野甘草
（冰糖草）

科属　玄参科野甘草属

产地分布：原产于美洲热带，分布于中国广东、广西、云南。

形态特征：一年生或极少多年生草本，或为半灌木，全体无毛。茎多分支，有数条明显的纵棱。叶对生或轮生，叶片近于菱形，上部边缘具有单或重锯齿。花单朵或成对生于叶腋，花冠白色，辐状。蒴果球形。

生长习性：喜光，喜温暖湿润环境，较耐旱，常生在酸性土壤。

用途

优良的饲料作物。全株可入药，可清热解毒、利尿通淋、消肿。

学名 *Radermachera hainanensis* Merr.

海南菜豆树

（山菜豆、牛尾树、幸福树、麒麟紫葳）

科属　紫葳科菜豆树属

用途　适于庭园、公园、树木园栽植。

产地分布：原产于中国，分布于福建、江西、广东等省。

形态特征：乔木。叶2~3回奇数羽状复叶，小叶对生，卵形或椭圆形，先端尖锐，全缘或上规则分裂。

生长习性：喜光，较耐阴，喜高温多雨，生于山坡或林缘阳处。

宽叶十万错

科属 爵床科十万错属

学名 *Asystasia gangetica* (L.) T. Anderson

产地分布：原产于亚洲，分布于中国云南（勐腊）、广东（广州），印度、泰国、中南半岛至马来半岛。

形态特征：多年生草本，高达 1m。叶椭圆形，基部急尖，几全缘，两面被短毛，上面钟乳体点状。总状花序顶生，花序轴 4 棱，棱上被毛，花偏向一侧；苞片对生，三角形，疏被短毛；小苞片 2 片，着生于花梗基部；裂片披针形或线形，被腺毛；花冠短，略二唇形，外被疏柔毛，花冠基部圆柱状，上唇裂，裂片三角状卵形，下唇 3 裂，裂片长卵形，两侧自喉部向下有 2 条褶襞直至花冠筒下部，并有紫红色斑点；雄蕊 4 枚，花丝无毛，在基部两两结合，花药紫色，背着；花柱基部被长柔毛，子房具杯状花盘。蒴果。

生长习性：泛热带杂草，适应性较强。

用途

叶可食。药用用于跌打骨折，瘀阻肿痛，治痈肿疮毒及毒蛇咬伤，为伤科要药。

板蓝（马蓝）

科属　爵床科板蓝属

用途

可做染料原材料。根、叶可入药，有清热解毒、凉血消肿之效，也可防流感，治疗中暑、毒蛇咬伤、肠炎、肝炎等。

学名 *Strobilanthes cusia* (Nees) 0.Kuntze

产地分布：原产于中国华南、西南及湖南、福建、台湾等地。

形态特征：草本，高可达 1m。茎直立或基部外倾，成对分枝，嫩枝部分和花序均椭圆形或卵形，顶端短渐尖，基部楔形，边缘有稍粗的锯齿，两面无毛，干时黑色，侧脉约 8 对，两面均凸起。穗状花序直立；苞片对生。蒴果无毛；种子卵形。花期 11 月。

生长习性：适应性强，生于潮湿地方。

毛赪桐（灰毛大青）

科属　马鞭草科大青属

学名 Clerodendrum canescens Wall. ex Walp.

产地分布：分布于中国华南、华中、华东及西南地区。印度及越南北部也有分布。

形态特征：直灌木，高 1~3.5m。全体密被平展或倒向灰褐色长柔毛。小枝略四棱形，具有不明显的纵沟，髓疏松，干后不中空。叶片心形或阔卵形，两面都有柔毛，背面尤显著。聚伞花序密集成头状，通常 2~5 枝生于枝顶，花序梗较粗壮；苞片叶状，具短柄或近无柄；花萼由绿变红色，钟状，具有五棱角和少数腺点；花冠白色或淡红色，外有腺毛或柔毛，花冠管纤细；雄蕊 4 枚，与花柱均伸山花冠外。核果近球形，成熟时深蓝色或黑色，藏于红色增大的宿萼内。花、果期 4~10 月。

生长习性：生于海拔 220~880 米的山坡路边或疏林中。

用途

在广西用全草治毒疮、风湿病。有退热止痛的功效。

学名 *Clerodendrum fortunatum* L.

白花灯笼
（鬼灯笼）

科属 马鞭草科大青属

用途 根或全株入药，有清热解毒、止咳镇痛功效。

产地分布：原产于中国，广泛分布于南方各地。

形态特征：灌木。叶纸质，一般长椭圆形或倒卵状披针形，全缘或波状。聚伞花序腋生，花萼紫红色，膨大似灯笼；花冠淡红色或白色稍带紫色。核果近球形，熟时深蓝色。

生长习性：喜光，喜湿润环境。

马缨丹

（五色梅、五龙兰、如意草、五彩花）

科属 马鞭草科马缨丹属

用途 可作花坛，绿篱。极佳的蝴蝶蜜源。果可食，根、叶可药用。如果误食会造成慢性中毒。

学名 *Lantana camara* L.

产地分布：原产热带美洲。中国南方各地有分布。

形态特征：常绿灌木。植株常呈低矮状匍匐生长，小枝四方形，有许多细刺，尤其是在棱角的地方特别多。单叶，十字对生，边缘有锯齿。花颜色多变化，顶生或腋生的伞房花序。高盆形果实为核果，球形。

生长习性：喜欢长日照，喜温暖湿润，对于土壤的要求不高。

益母草
（益母蒿、益母艾、红花艾）

科属 唇形科紫金牛属

学名 *Leonurus japonicus* Houtt.

产地分布：原产于中国华东、华南至西南。

形态特征：一年生或二年生草本。幼苗期无茎，基生叶圆心形；花前期茎呈方柱形，上部多分枝，四面凹下成纵沟。叶交互对生，有柄上部叶羽状深裂或浅裂成 3 片，裂片全缘或具少数锯齿。

生长习性：喜光，喜温暖多湿润环境。

用途 含有多种微量元素。能益颜美容，抗衰防老。

紫苏

科属 唇形科紫苏属

用途 香料植物之一，常用于烹调。全株可入药，用于风寒感冒、咳嗽气喘。

学名 *Perilla frutescens* (L.) Britton

产地分布：原产于东南亚，中国南北各地均有栽培，间有逸为野生。

形态特征：一年生直立草本。茎绿色或紫色，方柱形，有4钝棱，被长柔毛。叶对生，草质，阔卵形或近圆形，边缘有撕裂状粗锯齿，两面紫色，或仅下面紫色，上面紫绿色，被疏柔毛，下面被伏贴柔毛。花秋季开放，紫红色，排成腋生总状花序。小坚果球形褐色，有网纹。

生长习性：喜光，喜温暖湿润环境。

韩信草

（耳挖草、金茶匙、牙刷草）

科属　唇形科黄芩属

用途 多用于盆花及花坛栽培，也可用于风景园林及地栽。

学名 *Scutellaria indica* L.

产地分布：原产于中国，分布较广，华南、华东和台湾分布较多。

形态特征：叶对生，叶卵状椭圆至线状披针形。花着生于叶腋，粉紫色。

生长习性：常见于田间、溪边及疏林下，喜湿润、荫蔽或部分遮阴的环境，对土壤要求严，以疏松肥沃的砂质壤土为宜。

狭叶水竹叶

科属 鸭跖草科水竹草属

用途 宜作为庭植花卉，成片种植具有很好的整体效果。

学名 *Murdannia kainantensis.*

产地分布：原产于中国广东、海南、广西、福建等地。

形态特征：多年生草本。根须状，稍粗壮，密被长绒毛。主茎上发育，仅有多枚成丛的基生叶；可育茎由主茎基部发出。基生叶狭长，无毛或边缘及中脉上生有长硬毛。蝎尾状聚伞花序。蒴果，宽椭圆状三棱形。花果期4~6月。

生长习性：喜光，喜温暖湿润环境，较耐旱，常生在酸性土壤。

华山姜

（箭干风、九江连）

科属 姜科山姜属

学名 *Alpinia oblogifolia* Hayata

产地分布：原产于中国，分布于云南、广西、广东、湖南、台湾、福建、浙江等地。

形态特征：直立草本。叶片披针形或卵状披针形，两面无毛。圆锥花序狭窄；蒴果球形。花期5~7月；果期6~12月。

生长习性：喜光，喜温暖多湿气候，耐半阴环境，对土壤要求严。

用途 根状茎入药，有温中暖胃、散寒止痛的功能。

蕉芋（姜芋）

科属　美人蕉科美人蕉属

学名 *Canna edulis* Ker

产地分布：原产于西印度群岛及南美洲。中国南部及西南部有栽培。

形态特征：根茎发达，有多分枝，块状。叶片长圆形或卵状长圆形，叶面绿色，边缘或背面为紫色。总状花序单生或分叉，少花，被蜡质粉霜，基部有阔鞘，小苞片淡紫色，萼片淡绿而染紫。

生长习性：喜光喜湿润环境。

用途

庭园观赏植物。块茎可煮食或提取淀粉，适于老弱和小孩食用或制粉条、酿酒以及供工业用。茎叶纤维可造纸、制绳。

山菅兰

（老鼠砒、山猫儿、山大箭兰、山交剪、桔梗兰、绞剪草）

科属 百合科山菅兰属

用途 叶形及果具观赏价值。果有毒。

学名 *Dianella ensifolia* (L.) DC

产地分布：原产于中国，分布于福建、台湾、湖南、广东、广西等地。

形态特征：多年生草本。根状茎圆柱状，横走，茎粗壮。叶狭条形。顶生圆锥花序长，分枝疏散；花梗常弯曲，有关节；苞片很小，绿白色、淡黄色至青紫色。浆果近球形，深蓝色。花期夏季。

生长习性：阳性植物，耐旱，多见于向阳路边、岩缝。

黄花菜

（金针菜、柠檬萱草）

科属 百合科鱼萱草属

学名 *Hemerocallis citrina* Baroni

产地分布：原产于中国，广布南方各地。

形态特征：多年生草本，根近肉质。叶长披针形。花被淡黄色，有时在花蕾时顶端带黑紫色。蒴果钝三棱状椭圆形。

生长习性：喜光，喜温暖湿润环境。

用途 重要的经济作物。花可加工成干菜，根可以酿酒，叶可以造纸和编织草垫。

百合

科属 百合科百合属

用途：著名观花植物。鳞茎可食用。

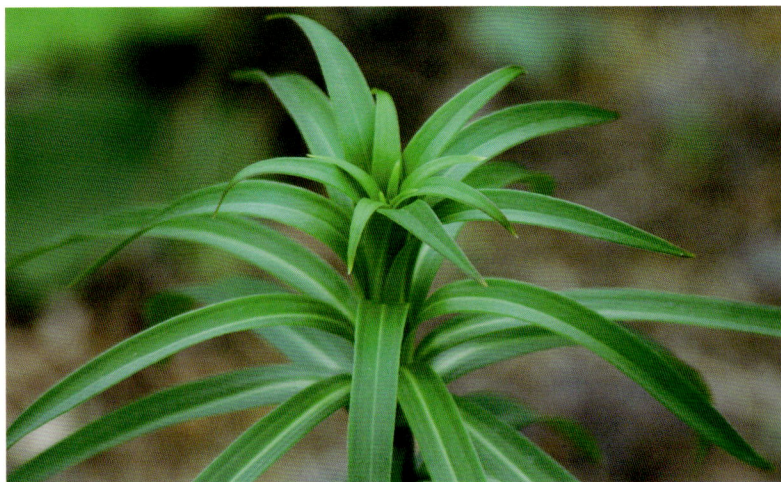

学名 *Lilium brownii* F.E.Brown ex Miellez var. *viriduhum* Baker

产地分布：原产于中国，各地均有分布。

形态特征：草本。地下具鳞茎或根状茎，茎直立或呈攀缘状，叶基生或茎生，茎生叶常互生，少有对生或轮生。花单生或聚集成各式各样的花序，花常两性，辐射对称，各部为典型的3出数。蒴果或浆果。

生长习性：耐寒，忌水淹，喜半阴环境，但过度荫蔽会引起花茎徒长和花蕾脱落。一般喜在pH5.5~6.5的偏酸性土壤、富含腐殖质的土壤。

学名 *Liriope spicata* (Thunb.) Lour.

产地分布：原产于中国，分布江西、广东、广西等地。

形态特征：多年生草本。块根，无茎。单叶丛生，狭线形，叶缘粗糙，下表面多少带白粉状。总状花序，花茎直立，淡紫色至白色。果实为蒴果。

生长习性：耐寒力较强，喜阴湿环境，在阳光下和干燥的环境中叶尖焦黄，对土壤要求不严，但在肥沃湿润的土壤中生长良好。

土麦冬
（书带草、沿阶草、不死草、麦门冬、铁韭菜）

科属 百合科沿阶草属

用途 在南方多栽于建筑物台阶的两侧，故名沿阶草，北方常栽于通道两侧。

菝葜

科属　菝葜科菝葜属

用途 根状茎可以提取淀粉和栲胶，或用来酿酒。有些地区作土茯苓混用，也有祛风活血作用。

学名 *Smilax china* L.

产地分布：原产于中国，广布于南方各地。

形态特征：攀缘状灌木。根茎横走，呈上规则的弯曲，肥厚质硬，疏生须根。茎硬，有倒生或平出的疏刺。叶互生，革质，圆形至广椭圆形，新叶红色。花单性，雌雄异株；伞形花序，腋生；苞片卵状披针形。浆果球形，红色。

生长习性：喜温暖、潮湿，半阴或灌丛荫蔽处，要求湿润、黏质土壤。常见于山坡、灌木丛林缘。

石菖蒲

（山菖蒲、药菖蒲、金钱蒲）

科属　天南星科菖蒲属

学名 *Acorus tatarinowii* Schott

产地分布：原产于中国，分布于中国长江以南各地及西藏。

形态特征：多年生常绿草本植物，全株具香气。硬质的根状茎横走，多分枝；叶剑状条形，两列状密生于短茎上，全缘，有光泽。花茎叶状，扁三棱形，肉穗花序，绿色。4~5月开花。浆果肉质，倒卵圆形。

生长习性：喜阴湿环境，在郁闭度较大的树下也能生长，但不耐阳光暴晒，否则叶片会变黄。耐干旱。稍耐寒，在长江流域可露地生长。

用途 常绿而具光泽，性强健，能适应湿润，特别是较阴的条件，宜在较密的林下作地被植物。

学名 *Alocasia macrorrhiza* (L.) Schott

海芋
（独脚莲、老虎芋）

科属 天南星科海芋属

产地分布：原产于南美洲，主产于中国广东、广西、四川。

形态特征：多年生草本。茎肉质粗壮，皮黑褐色。叶盾状，阔卵形，先端短尖，基部广状箭形；叶柄粗壮，基部扩大而抱茎。总花梗成对由叶鞘中抽出；佛焰苞管，粉绿色，上部舟状；附属体圆锥形，有网状槽纹。浆果淡红色。花期4~5月；果期6~7月。

生长习性：喜高温多湿的半阴环境，对土壤要求严，但肥沃疏松的砂质土有利于块茎生长肥大。

用途

叶形及叶色美丽，为大型观叶植物，宜用大盆或木桶栽培，适于布置大型厅堂或室内花园，也可栽于热带植物温室，十分壮观。

绿萝
（黄金葛、魔鬼藤）

科属　天南星科绿萝属

用途

叶片金绿相间，叶色艳丽悦目，株条悬挂，下垂，富有生机，可作柱式或挂壁式栽培，家庭可陈设于几架、台案等处。还可作插花衬材或作盆栽植观赏。

学名 *Epipremnum pinnatum* (L.) Engl.

产地分布：原产于美洲中部、南部。

形态特征：蔓性多年生草本。茎叶肉质，以攀缘茎附于他物上，茎节有气根。叶广椭圆形，蜡质，暗绿色，有的镶嵌着金黄色不规则斑点或条纹。

生长习性：喜温暖湿润和半阴环境，对光照反应敏感，怕强光直射，土壤以肥沃的腐叶土或泥炭土为好。冬季温度低于 15℃。

龟背竹

科属·天南星科龟背竹属

学名 *Monstera deliciosa* Liebm.

产地分布：原产于墨西哥热带森林中。

形态特征：半蔓型大型草本。茎上着生长而下垂的褐色气生根，可攀附它物生长。叶厚革质，互生，暗绿色或绿色；幼叶心形，没有穿孔，长大后叶呈长圆形，具有不规则羽状深裂，自叶缘至叶脉附近孔裂，如龟甲图案。花状如佛焰，淡黄色。果实可食用。

生长习性：性喜温暖、湿润、半阴的环境，忌阳光直射和干燥，喜半阴，较耐寒。生长适宜温度 20~25℃，越冬温度 3℃；对土壤要求严格，在肥沃、富含腐殖质的砂质壤土中生长良好。

用途 有一定的净化空气作用。叶片能作插花叶材，是著名的室内盆栽观叶植物。

春羽
（裂叶喜树蕉）

科属　天南星科喜林芋属

用途：盆栽用于布置宾馆、饭店的厅堂、室内花园、走廊、办公室等。

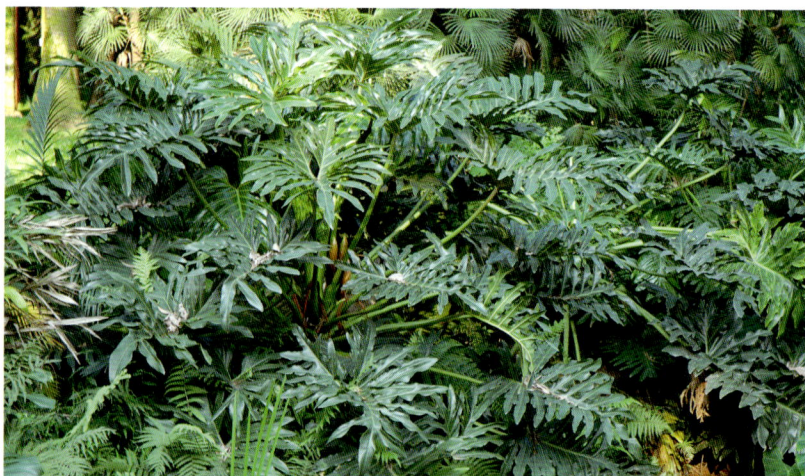

学名 *Philodendron bipinnatifidum* Schott ex Endl.

产地分布：原产于墨西哥热带森林中。现中国南方各地均有分布。

形态特征：大型草本。有气生根。叶片羽状分裂，羽片再次分裂，有平行而显著的脉纹。花单性，佛焰苞肉质，白色或黄色，肉穗花序直立，稍短于佛焰苞。

生长习性：喜温暖、潮湿、空气湿度高的环境，宜疏松含腐殖质的土壤。耐阴。气生根可直达地面。

石柑

科属　天南星科石柑属

学名 *Pothos chinensis* (Raf.) Merr.

产地分布：原产于中国，分布于贵州、广西、台湾、广东等地。

形态特征：附生藤本。匍匐于石上或缠绕于树上。茎亚木质，淡褐色，近圆柱形，具纵条纹，节上常束生长气生根；叶片纸质，披针状卵形至披针状长圆形。花序腋生，佛焰苞卵状，绿色．浆果黄绿至红色，卵形或长圆形。花果期四季。

生长习性：性喜阴湿，常附生于阴湿密林及疏林的树干或石上。

用途：全株入药，能清热、解毒、祛风湿，治风湿麻木、咳嗽、气痛、骨折、劳伤、小儿疳积等。兽医用以治牛饱胀。

学名 *Rhaphidophora decursiva* (Roxb.) Schott

产地分布：原产于中国，分布于西南、华南和台湾。

形态特征：大型藤本植物，常攀缘于石上或它树上。叶大，全缘或羽状分裂。肉穗花序无柄，圆柱形。浆果分离；种子肾形。

生长习性：喜附生于林内石崖及树干，喜半阴湿润环境，宜于疏松酸性壤质土。

用途 叶形美丽，为庭园观赏植物。

麒麟尾
（上树龙）

科属 天南星科崖角藤属

科属　天南星科崖角藤属

大叶崖角藤

用途 可作园林观赏植物。

学名 *Rhaphidophora megaphylla* H. Li

产地分布：原产于中国，分布于华南、云南、贵州等地。

形态特征：木质藤本，小枝粗壮。叶革质，卵状长圆形，顶端渐尖至尾状渐尖；基部圆形至微心形；第一级侧脉多数至极多数，叶柄有狭翅，顶端膝状膨大。总花梗下垂，佛焰苞带粉红色，卵状椭圆形，肉穗花序；花两性，无花被。

生长习性：喜半阴，喜潮湿环境，生林中，攀缘树。

葱兰
（葱莲、玉帘、白花菖蒲莲）

科属 石蒜科葱莲属

学名 *Zephyranthes candida* (Lindl.) Herb.

产地分布：产于南美洲，现中国南方各地均有分布。

形态特征：多年生常绿草本植物。鳞茎长卵形。叶基生，线形稍肉质。花茎从叶丛一侧抽出，花梗中空，顶生一花，白色或红色。花期7~9月。

生长习性：喜光，耐半阴。喜温暖，有较强的耐寒性。喜湿润，耐低湿。喜排水良好、肥沃而略黏质的土壤。

用途 植株低矮，花期长，可成片植于林缘或疏林下。

薯莨

（山猪薯、山羊头）

科属 薯蓣科薯蓣属

用途 块茎入药，有止血、活血、补血、收敛固涩之功效。

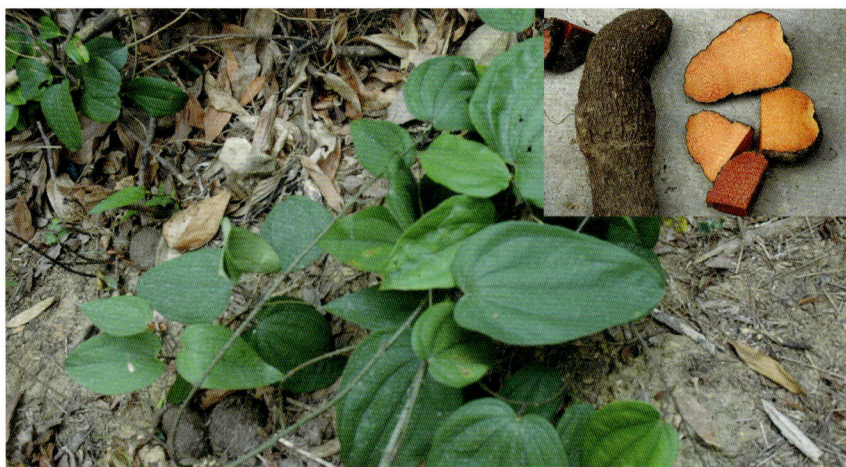

学名 *Dioscorea cirrhosa* Lour.

产地分布：广布于中国西南、华南和东部。

形态特征：大多年生粗壮藤本。块茎形状多样，通常为圆柱形或块状，有时分枝，表面棕黑色，内部红色，干后铁锈色；茎基部具弯刺，向上刺渐疏。基部叶多互生，叶片心形，上部叶对生，叶片卵形或长圆形至披针形。雄花序腋生或顶生，雌穗状花序单生于叶。夏季开花。蒴果扁圆形。

生长习性：喜温暖多湿气候，喜半阴环境。

省藤

科属 棕榈科省藤属

学名 *Calamus rhabdocladus* Burret

产地分布：原产于中国华南地区的山地密林中。

形态特征：粗壮藤本。叶羽状全裂，长可达 1.8m，束间疏离，长披针形，顶端急尖或渐尖，与边缘同有褐色刺毛，顶端的刺毛长且成簇；叶轴三棱形，有钩刺，顶端延伸成具刺。肉穗花序，每一分枝上有小穗状花序约 9 个；总苞管状，具刺；花雌雄异株，花瓣长椭圆形。果实球形，鳞片黄色，边缘褐色，当中有槽纹。

生长习性：性喜温暖湿润的气候，较耐阴，较耐寒，喜疏松肥沃排水良好的砂质壤土。

用途 用于绿化墙垣、假山等处。茎叶纤维可作为造纸和纺织工业的原料，藤粗壮坚硬，可编织藤椅、藤篮、藤席等各式藤器，全株可入药，有解毒功能。

学名 *Pandanus austrosinensis* T. L. Wu.

露兜草

（假菠萝、簕菠萝、山菠萝、婆锯簕）

科属　露兜树科露兜树属

用途　株形美丽，可作为庭园观赏植植物。

产地分布：原产于中国，分布于广东、广西、福建、湖南、云南、台湾。

形态特征：灌木。干分枝，常具气生根。叶簇生于枝顶，革质带状，顶端渐狭成长尾尖，边缘和背面中脉上有锐刺。雌雄异株，肉穗花序。聚合果头状，熟时红色，核果。

生长习性：喜光，喜温暖多湿气候，耐半阴，对土壤要求严。

大叶仙茅

（野棕、般仔草）

科属 仙茅科仙茅属

学名 *Curculigo capitulata* (Lour.) O. Kuntze

产地分布：原产于中国、越南、印度，分布于我国华南、西南、福建、台湾。

形态特征：草本。高约 40~70cm，叶自地下根茎生出，椭圆状披针形，平行脉凹绉，全叶略弯凹，似椰子类幼苗，造型如船身。成株丛生状，小花黄色。

生长习性：性耐阴，喜湿润。冬季温度低于15℃。

用途

可庭植或盆栽，作室内观叶植物。

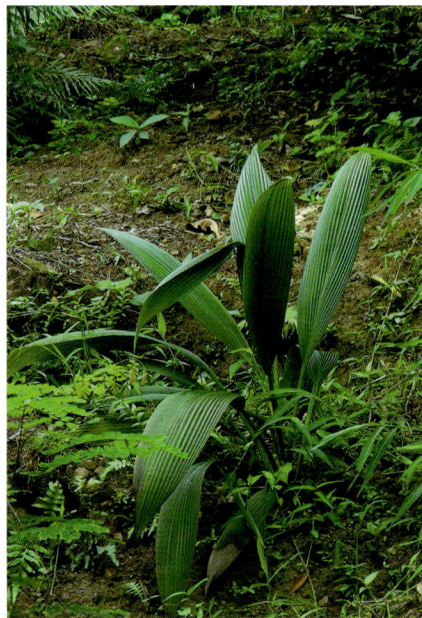

老虎须

（箭根薯、蒟蒻薯、山大黄）

科属 蒟蒻薯科蒟蒻薯属

学名 *Tacca chantrieri* Andre.

产地分布：原产于中国，分布于广东、广西、云南。

形态特征：花叶俱美，既可观花，又可观叶，叶片丛生，常年青翠欲滴。花期 4~8 月，花朵紫褐色至黑色，为植物界中所罕见，且形状独特，花瓣基部生有数十条紫褐色细丝，很像老虎的胡须，因此得名。

生长习性：喜湿热，耐阴。

用途

渐危种，国家Ⅱ类保护植物。主要应用于庭院、道旁、池畔绿化布置，也是极为理想的观叶观花盆栽植物。根、茎药用。

高斑叶兰

科属　兰科斑叶兰属

学名 *Goodyera procera* (Ker Gawl.) Hook.

产地分布：原产于中国，分布于西藏东南部、四川南部及西部、云南西南部、广西、广东、福建、台湾。

形态特征：陆生兰。根状茎短；茎直立，无毛，生多枚叶。叶大，厚，长圆形或狭椭圆形。总状花序具稍密的花，似穗状，花小，白色而带淡绿，芳香，萼片卵形，花瓣较狭，匙形，与中萼片等长并在顶端略靠合；唇瓣囊状，内面有柔毛。核果球形，被毛，蓝色，有宿存萼裂片。

生长习性：喜阴湿环境。

用途

列为濒危野生动植物种国际贸易公约保护物种；宜作庭植花卉。

石仙桃

科属 兰科石仙桃属

用途

列为濒危野生动植物种国际贸易公约保护物种。全草可入药，有清热、化痰止咳、滋阴、润肺生津之功效。用于肺结核咯血、咳嗽、风火牙痛、小便不利等。

学名 *Pholidota chinensis* Lindl.

产地分布：原产于中国，广布西南、华南和东部。

形态特征：多年生附生草本。根状茎粗壮；假鳞茎卵形或梭形，肉质。叶倒卵形或倒卵状椭圆形。花葶生于假鳞茎顶端，总状花序，花序轴稍曲折，花白色或带黄色，芳香。

生长习性：喜半阴湿润环境，附生于树或岩石上。

中华苔草

科属　莎草科苔草属

学名 *Carex chinensis* Retz.

产地分布：原产于中国，南方各地均有分布。

形态特征：多年生草本。具根状茎，秆三棱柱形；叶线形；小穗1至多数，穗状、总状或圆锥状；具少数或多数花，单性，雄雌顺序。小坚果平凸状、双凸状或三棱形。

生长习性：喜光，喜温暖湿润气候。

用途　可作为牧草。

疏穗莎草

科属 莎草科断节莎属

学名 *Cyperus distans* L.f

产地分布：原产于中国，分布于广西、广东、海南、云南等地。

形态特征：根状茎短，具根出苗。秆稍粗壮，扁棱形，平滑，基部稍膨大。叶短于秆，平张，边缘稍粗糙，叶鞘长，棕色。叶状苞片 4~6 枚。穗状花序轮廓宽卵形，小穗轴极细，折后期呈紫褐色，具白色透明的翅，翅早脱落。鳞片稀疏排列，膜质，椭圆形，顶端圆。雄蕊 3，花药线形，药隔突出花药顶端；花柱短，具锈色斑点。小坚果长圆形，三棱形，长约为鳞片的 2/3，黑褐色，具稍突起细点。花果期 7~8 月。

生长习性：生长于缓坡或河滩较干燥的地方。

学名 *Cyperus distans* L.f

用途 全草药用；用于止血、散血。

莞草
（咸水草、三角草、茳芏）

科属 莎草科莎草属

学名 *Cyperus malaccensis* Lam.var. *brevifolius* Boecklr.

产地分布：原产于中国广东珠三角沿海各地。

形态特征：地下茎匍匐，横生于表土层，有假节，节为鳞片包裹；地上茎直立，茎的中上部形成三棱形。叶着生于地上茎基部，叶鞘较长，包裹地上茎的基部，棕色。花位于上茎顶部，复出聚伞花序和小穗状花序，松散，自花授粉。果实为小坚果，成熟时黑褐色。

生长习性：喜温好湿，耐碱性较强，对土壤选择严，不仅淡水田可种植，沿海咸水田也可种植。

用途 作编织用的纤维作物。

黑莎草

（大头茅草、碰草茅草、瘦狗母）

科属　莎草科黑莎草属

学名 *Gahnia tristis* Nees

产地分布：原产于中国，分布于湖南、福建、广东、广西。

形态特征：多年生丛生草本。匍匐根状茎坚硬。秆粗壮，坚实。叶片条形，近革质。圆锥花序紧缩，由7~15个长圆形穗状花序组成；小穗纺锤形，黄棕色后变暗褐色。小坚果倒卵状长圆形，有三棱，骨质，有光泽，成熟后黑色。

生长习性：喜光，喜温暖湿润气候，耐旱。

用途 果可榨油。

单穗水蜈蚣

科属　莎草科水蜈蚣属

学名 *Kyllinga monocephala* Rottb.

产地分布：原产于中国，分布于广东、广西、云南等地。

形态特征：多年生草本。根茎匍匐。茎散生或疏丛生，细弱，扁锐三棱形，秃净。叶狭线形，边缘具疏锯齿；叶鞘短，褐色，或具紫褐色斑点，最下面的叶鞘无叶片。头状花序单生，圆卵形或球形，白色；小穗多数，呈倒卵形或披针状长圆形，顶端渐尖，压扁。坚果倒卵形，较扁，棕色。

生长习性：喜光喜湿润，生于山坡林下及旷野潮湿处。

用途 全草入药，有清热化痰、活血消肿之功效。

学名 *Scleria levis* Retz

产地分布：原产于热带亚洲及澳大利亚。

形态特征：多年生草本。根茎被暗赤色，有线条的鳞片。叶线形，边缘粗糙；鞘在棱角上有叶明显的翅。圆锥花序通常一个顶生和一个腋生，颖微锐尖。

珍珠茅
（真珠莎）

科属　莎草科珍珠茅属

用途

根系发达，作为斜坡地被植物可起到水土保持作用。

青皮竹

科属 禾本科簕竹属

学名 *Bambusa textilis* McClure

产地分布：原产于中国，主产于广东、广西、福建、湖南、云南（南部）。

形态特征：丛生竹。秆高达 9~12m，直立，节间甚长，竹壁薄，近基部数节无芽，箨环倾斜；箨鞘初有毛，后无之，箨耳小，长椭圆形，箨舌略呈弧形。出枝较高，基部附近数节上见出枝，分枝密集丛生达 10~12 枚。

生长习性：生于土壤疏松、湿润、肥沃的立地，河岸溪畔、平原、丘陵、村庄四旁均可生长。

用途 常用的庭院观赏植物，在庭园或公园中，房前屋后均宜成片栽植。

学名 *Bambusa textilis* McClure

大佛肚竹

科属 禾本科簕竹属

用途 秆可作台灯柱、笔筒等工艺美术品，是制作工艺品的一等材料。适用于别墅、公园、风景区的园林绿化，是著名观赏竹之一。

学名 *Bambusa vulgaris* Schrader ex Wendle 'Wamin'

产地分布：原产于中国，华南以及浙江、福建、台湾等地区的庭园有栽培。

形态特征：中型丛生竹。下部各节间极其缩短，形如算盘珠状，形态奇特，颇为美观。竹株生长粗壮密集，为观赏珍品。

生长习性：喜光，喜温暖湿润环境，耐寒。

学名 *Bambusa vulgaris* Schrader ex Wendle 'Wamin'

篻竹

科属 禾本科矢竹属

学名 *Pseudosasa hindsii* (Munro) S. L. Chen et G. Y. Sheng ex T. G Liang

产地分布：原产中国广东中部。

形态特征：下茎为复轴形，有横走之鞭。小型竹，秆较低矮，高达 2m。秆茎与枝条相仿。节间长约 25cm，中空较小。叶片披针形，叶大，长可达 45cm，叶背面散生银色短柔毛，在中脉一侧生有 1 行毡毛。

生长习性：喜光，喜温暖湿润环境，常生于溪边、林下或石隙阴处。

用途
宜作绿篱植物。

大叶油草
（地毯草）

科属 禾本科地毯草属

学名 *Axonopus compressus* (Sw.) Beauv.

产地分布：原产南美洲。中国广东有分布。

形态特征：多年生草本植物。具匍匐茎，扁平，节上密生灰白色柔毛。叶片柔软。穗状花序。由于匍匐茎蔓延迅速，每节均能产生上定根和分蘖新枝，侵占力强。

生长习性：适于热带和亚热带气候，喜光，也较耐阴，再生力强，抗病虫害强，但耐旱能力差，亦耐践踏。对土壤要求不严，能适应低肥沙性和酸性土壤，在冲积土和肥沃的砂质壤土壤生长最好，在干燥的高丘生长欠佳。

用途
在华南地区为优良的固土护坡植物，可用作公路两侧的草坪。由于该草低矮，耐践踏，较耐阴，在广州常用它铺设草坪或与其他草种混合铺设运动场。

狗牙根

（拌根草、马拌草、草板筋、行仪芒、爬根草、铁线草）

科属 禾本科狗牙根属

学名 *Cynodon dactylon* (L.) Pers.

产地分布：中国分布较广，华南、华东、台湾分布较多。

形态特征：多年生草本植物。匍匐茎平铺地面或埋入土中。节处向下生根，叶片平展、披针形，边缘有细齿。穗状花序3~6枚呈指状排列于茎顶，小穗排列于穗轴一侧，有时略带紫色。

生长习性：喜温暖湿润气候，耐阴性和耐寒性较差。喜排水良好的肥沃土壤。耐践踏，侵占能力强。

用途

优良的固土护坡植物，也是中国应用较为广泛的草坪草品种之一。在中国苹果产区多有发生，是果园常见杂草之一，生长期长、生命力强、繁殖迅速、蔓延快、成片生长，不怕践踏，危害较重。

弓果黍

科属 禾本科弓果黍属

学名 *Cyrtococcum patens* (L.) A. Camus

产地分布：原产于中国，主产浙江、安徽、湖南、四川、湖北、广东、江西。

形态特征：一年生或多年生草本。秆下部多平卧地面，节上生根，上部直立。叶片薄，线状披针形至披针形。小穗两侧压扁，斜倒卵形，组成开展或紧缩的圆锥花序。

生长习性：喜光，喜温暖湿润气候，生于林下或沟边阴湿处。

用途 可作为庭园草坪草种。

学名 *Cyrtococcum patens* (L.) A. Camus

学名 *Eleusine indica* (L.) Gaertn.

产地分布：广布于全球温带地区，为世界性恶性杂草之一。

形态特征：幼苗淡绿色，叶鞘扁而具脊，坚韧上易拔断；秆扁平，叶条形；早苗6月底即抽穗，穗有2~7个分枝，呈指状排列于秆顶，有时有1或2个枝生于略低于顶的下方。种子于7~10月成熟，边熟边落。

生长习性：喜阳耐旱，普遍野生于山坡路旁，习见于旷野荒芜的地方。

科属 禾本科穆属

牛筋草

（蟋蟀草、油葫芦草、官司草、牛顿草）

用途

全草入药，可清热、利湿。治伤暑发热、小儿急惊、黄疸、痢疾、淋病，并能防治乙型脑炎。

鼠妇草
（星星草、绣花草）

科属 禾本科禾本属

学名 *Eragrostis atrovirens* (Desf.) Trin. ex Steud.

产地分布：分布于中国江西、福建、湖南、广东、广西。

形态特征：草本。秆丛生，叶鞘光滑或鞘口生长柔毛，叶鞘有脊；叶片狭条状。圆锥花序略开展，小穗长圆形。颖果长圆形，黄棕色。

生长习性：喜光，喜温暖湿润环境，耐贫瘠、耐旱、耐湿热。

用途 草料植物，宜作饲料用。但在田间属于有害杂草。

丝茅
（茅草、茅根、茅柴、甜根草、茅针、丝毛草）

科属 禾本科白茅属

学名 *Imperata cylindrica* (Retz.) Beauv.

产地分布：原产于印尼爪哇。中国福建、广东、广西、云南等地栽培极盛。

形态特征：多年生草本，根茎和种子均能繁殖。匍匐根茎细长，横卧地下，节上具褐色或淡黄色鳞片状叶和上定根。蔓延甚速，其根茎如遭切割，秆丛生，直立，节具白色长柔毛。叶片条形或条状披针形，多集结于基部。圆锥花序圆柱状，分枝短而密集。5~6月抽穗开花。颖果倒卵形，成熟时自小穗柄上带着柔毛一同脱落，随风飞散。

生长习性：喜阳耐旱，繁殖力极强，普遍野生于山坡路旁。

用途 可用于搭建草棚。花、根均可供药用。

学名 *Ischaemum barbatum* Retz.

产地分布：原产于中国，广布于南方各地。

形态特征：簇生草本。叶线形或线状披针形。总状花序成对，直立而紧贴，基部稍分离。

生长习性：喜光，喜温暖湿润环境。

粗毛鸭嘴草
（人字草）

科属 禾本科鸭嘴草属

用途 秆叶可为牛羊的饲料，又可为放牧草。

淡竹叶

（竹麦冬、长竹叶、山鸡米）

科属 禾本科淡竹叶属

学名 *Lophatherum gracile* Brongn.

产地分布：原产于中国，主产于浙江、安徽、湖南、四川、湖北、广东、江西。

形态特征：多年生草本。根茎短缩而木化。须根稀疏，中部常膨大为纺锤形。秆直立，中空，节明显。叶互生，广披针形，叶鞘包秆，边缘光滑或略被纤毛；叶舌短小，质硬，具缘毛。圆锥花序顶生，小枝开展；小穗狭披针形。颖果深褐色。花期7~9月；果期10月。

生长习性：喜光，喜温暖湿润气候，生于林下或沟边阴湿处。

用途 有清热除烦、利尿通淋之功效，为凉茶"二十四味"主要材料之一。

蔓生莠竹

科属 禾本科莠竹属

学名 *Microstegium vagans* (Nees ex Steud.) A. Camus

产地分布：原产于中国吉林、山西、陕西、江苏、广东、四川、云南等地。

形态特征：一年生或多年生草本。茎倾卧状。叶片披针形。小穗成对，排成伞房花序式的总状花序。

生长习性：喜光，喜温暖湿润气候。

用途 全草入药，具有辛凉解表、清肺止咳之功效。

芒

科属 禾本科芒属

学名 *Miscanthus sinensis* Andersson

产地分布：原产于亚洲，主要分布于长江流域及其以南各地。

形态特征：多年生草本，丛生状。叶大部分基生，叶片扁平。顶生总状花序，主轴四周为伞房状穗状花序，小穗上有成束的丝状毛，秋季形成红色花序。

生长习性：喜阳光充足和湿润的沙壤土。耐寒，耐旱，适应性强。

用途 观赏禾草。为新颖的园林配置植物，为花坛、花境布置或点缀于草坪，也可作切花。

短叶黍

科属 禾本科黍属

学名 *Panicum brevifolium* L.

产地分布：原产于中国，分布几遍及全国各地。

形态特征：一年生草本。秆分枝斜生，基部生根。叶片卵形至卵披形。圆锥花序卵形，开展，分枝毛细管状；小穗带紫色。

生长习性：喜光，喜温暖湿润环境，多分布于低海拔丘陵或林下、灌丛及水田旁。

用途 可作庭园草坪绿化。

双耳草
（大肚草）

科属 禾本科雀稗属

学名 *Paspalum conjugatum* Berg.

产地分布：原产于热带地区，广布于中国南方各地。

形态特征：多年生匍匐性草本植物。茎秆坚硬实心，秆节有毛。叶舌有一圈毛，叶长披针形，叶缘有毛。花朵属于成对的总状花序，形如双耳，故名"双耳草"。果实为颖果，具丝状毛以附着人畜传播。

生长习性：喜光，喜温暖湿润环境。

用途 宜作庭院草坪草。

红毛草

科属 禾本科红毛草属

学名 *Rhynchelytrum repens* (Willd.) Hubb.

产地分布：原产于南非。分布于中国福建、香港、广东、海南。

形态特征：多年生草本。秆直立，常分枝，节间具疣毛，节具软毛。圆锥花序开展，小穗被粉红色长丝状毛；花柱分离，柱头羽毛状。

生长习性：喜光，喜温暖湿润气候，生于林下或沟边阴湿处。

用途

作为一种观赏植物和牧草被广泛引种，20世纪50年代作为牧草引种栽培，后逸为野生，在一些地区成为群落中的优势种。在台湾省沿着道路蔓延，已呈由北向南扩散的趋势，对生态环境造成一定的危害。

皱叶狗尾草

科属 禾本科狗尾草属

学名 *Setaria plicata* (Lam.) T. Cooke

产地分布：原产于中国，广泛分布于南方。

形态特征：多年生草本。叶片椭圆形至长圆形，有强皱褶。圆锥花序尖塔形，疏散，绿色；分枝上举，疏离，秋季抽穗。

生长习性：喜光，喜温暖湿润气候，生于林下或沟边阴湿处。

用途 栽培可作为作绿化观赏用。果实可食，旧时曾用以救荒。

鼠尾粟
（线香草、老鼠尾、鼠尾牛顿草）

科属　禾本科鼠尾粟属

学名 *Sporobolus fertilis* (Stedu.) Clayton

产地分布：原产于中国，广布南方各地。

形态特征：多年生草本。叶长先端渐尖，基部截头形，通常内卷。圆锥花序开展或紧缩，分枝直立；密生小穗，灰绿而略带紫色。颖果倒卵形或长圆形。

生长习性：喜光，喜温暖湿润环境，耐旱。

用途　全株可入药，有清热、凉血、解毒、利尿通淋之功效。

棕叶芦

（莽草、棕叶草）

科属 禾本科棕叶芦属

学名 *Thysanolaena maxima* (Roxb.) Ktze

产地分布：原产于中国台湾、广东、广西、贵州。

形态特征：多年生草本。直立粗壮，具白色髓部，上分枝。叶鞘无毛，叶片披针形；圆锥花序大型，褐色。颖果长圆形。一年有两次花果期，春夏或秋季。

生长习性：喜光，喜温暖湿润气候，生于林下或沟边阴湿处。

用途

秆高大坚实，作篱笆或造纸材料，叶可裹粽。花序用于制作扫帚。栽培作绿化观赏用。

参考文献

1. 中国植被编辑委员会.中国植被[M].北京：科学出版社，1980.

2. 广东省植物研究所.广东植被[M].北京：科学出版社，1976.

3. 王登峰，曹洪麟.东莞市主要植被类型与生态公益林建设[J].广东林业科技，1999，15（2）：22-27

4. 陈定如，古炎坤，李秉滔.华南园林绿化乡土树种探讨（一）[J].广东园林，2006，28（2）：35-42

5. 中国科学院华南植物园，东莞市林业局，东莞市林业科学研究所等.东莞植物志[M].武汉：华中科技大学出版社，2010.

6. 中国科学院华南植物园，东莞市林业局，东莞市林业科学研究所等.东莞珍稀植物[M]武汉：华中科技大学出版社，2010.

7. 中国科学院华南植物园，东莞市林业局，东莞市林业科学研究所等.东莞园林植物[M]武汉：华中科技大学出版社，2010.

8. 东莞市绿化委员会，东莞市林业局.东莞古树名木大观[M].2003.

9. 广东省林业局，广东省林学会.广东100种优良阔叶树种栽培技术[M].2002.

10. 东莞市林学会，东莞市林业科学研究所.东莞绿化适用植物推介[M].2004.

11. 东莞市地方志编纂委员会.东莞市志[M].广州：广东人民出版社，1995.

中文名索引
Index to Chinese Names